镁合金腐蚀动态力学行为研究

Study on the Corrosion Dynamic Mechanical Behavior of Magnesium Alloy

贺秀丽　著

北　京
冶　金　工　业　出　版　社
2022

内容简介

全书共分为6章，主要研究了工程结构中常见的应力腐蚀和腐蚀疲劳两种动态力学行为。该书以AZ31变形镁合金为研究对象，以四种常见介质：空气、NaCl溶液、Na_2SO_4溶液和齿轮油为试验环境，系统开展了AZ31镁合金在不同环境下的应力腐蚀和腐蚀疲劳行为研究，并采用微弧氧化、有机涂层等方法对AZ31镁合金进行表面防护，研究各涂层在不同环境下的动态防护机理。

本书可供从事金属材料动态力学性能及改善提高方面的专业研究工作者和大专院校相关专业的教师、学生参考。

图书在版编目(CIP)数据

镁合金腐蚀动态力学行为研究/贺秀丽著. —北京：冶金工业出版社，2020.8（2022.6重印）

ISBN 978-7-5024-8585-6

Ⅰ.①镁…　Ⅱ.①贺…　Ⅲ.①镁合金—防腐—力学性能—研究　Ⅳ.①TG178.2

中国版本图书馆CIP数据核字（2020）第151242号

镁合金腐蚀动态力学行为研究

出版发行　冶金工业出版社　　**电　话**　(010)64027926
地　址　北京市东城区嵩祝院北巷39号　　**邮　编**　100009
网　址　www.mip1953.com　　**电子信箱**　service@mip1953.com

责任编辑　王　双　美术编辑　郑小利　版式设计　禹　蕊
责任校对　郭惠兰　责任印制　禹　蕊
北京建宏印刷有限公司印刷
2020年8月第1版，2022年6月第2次印刷
710mm×1000mm　1/16；8.5印张；166千字；127页
定价 59.00 元

投稿电话　(010)64027932　投稿信箱　tougao@cnmip.com.cn
营销中心电话　(010)64044283
冶金工业出版社天猫旗舰店　yjgycbs.tmall.com

前　言

应力腐蚀和腐蚀疲劳是金属材料重要的两种动态力学性能，也是构件工程失效的两种重要形式。镁合金作为继钢铁和铝合金之后第三大绿色工程应用材料，要真正实现“3C、汽车、航空航天等领域”的广泛应用，对其动态力学性能进行研究是非常必要的。镁合金虽然具有密度小、比强度和比刚度高、易于切削加工和回收利用等一系列优点，但是金属镁化学性质活泼，耐蚀性很差。镁合金构件在实际使用过程中，不仅承受各种动载荷，还受到服役环境的影响。因此，研究其在不同环境中的动态力学性能对扩展镁合金应用范围具有重要的意义。

本书主要研究了环境和应力耦合作用下 AZ31 镁合金的动态力学行为；系统探讨了不同腐蚀环境、载荷状态及涂层（微弧氧化和有机涂层）对 AZ31 镁合金应力腐蚀敏感性、腐蚀疲劳极限、裂纹萌生和扩展机制的影响；阐述了 AZ31 镁合金、微弧氧化和有机涂层与周围腐蚀环境间的腐蚀行为及防护作用机理。本书的研究丰富和发展了镁合金在常见腐蚀环境下动态力学性能的研究经验和理论基础。

感谢国家自然科学（青年）基金项目（项目号：51705350）、山西省高等学校科技创新项目（项目号：2019L0922）对本书出版的支持。

在本书的撰写过程中，作者参考了国内外大量的相关文献资料，在此谨向文献作者表示衷心的感谢，并感谢所有人的支持与鼓励。

由于作者的经验和水平所限，书中不妥之处，诚请专家和读者批评指正。

作　者
2020 年 4 月

目　　录

1 绪 论

1.1 概述

作为目前工业上可应用的密度最小的金属材料，镁合金的一系列闪光点一直吸引着世界的目光。例如，比强度明显高于铝合金和钢，比刚度与两者相当，且远高于工程塑料，为一般塑料的 10 倍，资源丰富、易于加工和环保（可回收利用）等[1]。但作为结构材料，镁合金的应用场合并不是单一的，往往是复杂多变的，如动载及复杂工作介质（海洋、含硫气氛或齿轮油）等一种或多种复合环境。不管是应用于汽车的零部件还是作为航空领域应用材料，镁合金构件不仅需要具备一定力学性能，还需要具备与周围的工作环境相融合的性能。

而金属镁拥有结构材料中最低的标准电极电位-2.73V，化学性质活泼，易于氧化燃烧，在腐蚀介质中易发生点蚀或全面腐蚀，且形成的氧化膜不致密，疏松多孔，在绝大多数腐蚀介质中起不到保护镁合金构件的作用[2,3]。镁及镁合金耐蚀性差的特点制约着镁合金构件在复杂服役环境下的综合性能。

因此，若镁合金的力学性能和耐蚀性能可以得到完美结合[4,5]，则未来轻量化和环保节能镁合金结构件的广泛应用对人类来说将不再会是一种遥不可及的梦想。因此，镁合金腐蚀动态力学性能的研究具有重要的理论价值和现实意义。

1.2 镁合金常见动态力学性能

根据受力状态和腐蚀类型的不同，镁合金的腐蚀动态力学性能可以分为：应力腐蚀、腐蚀疲劳、冲击腐蚀、磨损腐蚀和湍流腐蚀等[6,7]。其中应力腐蚀和腐蚀疲劳是常见的工程结构失效的 2 种重要形式，如汽车发动机缸体、轴、轮船、飞机、汽/涡轮机叶片、采矿机等各种机械设备都受到应力腐蚀或腐蚀疲劳的作用。应力腐蚀和腐蚀疲劳破坏的共同特点是在较低应力和较弱腐蚀环境作用下发生脆断，大大降低了材料的使用寿命。对耐蚀性差的镁合金来说，应力腐蚀和腐蚀疲劳是阻碍镁合金广泛应用的主要因素。

1.2.1 应力腐蚀

应力腐蚀在众多腐蚀动态力学性能中的危害最大，材料往往会在没有任何明显预兆的情况下突然断裂，产生灾难性事故，造成无法估量的巨大的生命和财产损失。

1.2.1.1 应力腐蚀特征

不是所有材料在任何环境下都会发生应力腐蚀，根据应力腐蚀的特点可以推出应力腐蚀的发生需要具备以下条件：

（1）材料。一般来说，高纯度（含量99.999%及以上）金属不会发生应力腐蚀，而当纯金属中含有微量的其他元素形成合金时则很容易发生应力腐蚀。

（2）受力状态。在众多应力状态——拉应力、压应力、剪切应力等中，拉应力是应力腐蚀发生的必要条件。其来源主要有外加载荷，热处理或加工装配过程中产生的残余应力。

（3）腐蚀环境。应力腐蚀对特定的材料来说，只有在特定的环境介质中才会发生。例如，黄铜弹壳的季裂，黄铜弹壳经冷加工后受残余应力作用，当遇到大气中所含有的微量铵和潮湿水汽时则发生应力腐蚀开裂。还有锅炉的碱脆，当锅炉水软化残留的氢氧化钠达到一定浓度时便会引起应力腐蚀。

此外，应力腐蚀是一种滞后开裂现象，需经一段时间后才会发生。而且其断口是脆性的，即使材料的塑性很高，应力腐蚀破坏时也不会产生明显的塑性变形（如颈缩等）。

1.2.1.2 应力腐蚀开裂的表征参量

相比于应变速率较大（$\varepsilon=10^{-3}\sim10^{2}\,s^{-1}$）、实验周期较短的普通拉伸，一般为研究材料的应力腐蚀性能，通常采用慢拉伸实验（$\varepsilon<10^{-3}\,s^{-1}$）加腐蚀介质共同作用根据材料的应力腐蚀敏感性来分析。常用的应力腐蚀开裂敏感性参量主要有：

（1）极限抗拉强度（ultimate tensile strength，σ_{UTS}）。极限抗拉强度是指材料在应力腐蚀过程中断裂时的最大承载应力。σ_{UTS}越小，材料的应力腐蚀敏感性越大。也可以根据材料在腐蚀介质和惰性介质中σ_{UTS}的比值来判断，比值越小则材料对应力腐蚀开裂越敏感。

（2）断裂时间（time to fracture，t_f）。实验开始直至达到最大载荷（σ_{UTS}）时试样发生断裂的时间为断裂时间。同样条件下，t_f越小，材料的应力腐蚀敏感性越大。同样地，也可以根据材料在腐蚀介质和惰性介质中t_f的比值来判断，比值越小则材料对应力腐蚀开裂越敏感。

（3）塑性损失。塑性损失通常用断裂延伸率（elongation to fracture，e_f）和断面收缩率（reduction of area，r_a）来衡量。e_f和r_a越大，应力腐蚀越敏感。

1.2.1.3 应力腐蚀机理

影响应力腐蚀的因素众多：腐蚀环境（种类、浓度及pH值）、受力大小、拉伸或应变速率等，因此应力腐蚀机理并不是一成不变的，而是根据具体条件复杂变化的。一般情况下，应力腐蚀机理主要有 2 种类型：阳极溶解型和氢致开裂型[8]。

（1）阳极溶解型应力腐蚀机理中，阳极金属的溶解模型主要有：滑移溶解、蠕变膜破裂、隧道腐蚀和应力吸附等。

滑移溶解模型认为，金属一旦与腐蚀环境接触便会在表层形成一层钝化膜，在外加应力作用下，随着位错的聚集和滑移的发生，使表面钝化膜破裂，此时暴露的新鲜金属面形成阳极相，在周围腐蚀环境的作用下又开始溶解，形成新的钝化膜。而金属材料在应力作用下继续发生位错滑移，新的滑移台阶再次破坏新的钝化膜，露出新的金属面，为下一次的溶解钝化提供基体条件。随着整个滑移溶解过程的反复发生，逐渐形成应力腐蚀开裂。这一理论的局限性在于断裂面的晶体学取向与金属材料基本的滑移面并不是完全吻合的。例如，按照此模型，应力腐蚀后的断裂面就是金属材料的滑移面，但是实验研究表明并不是这样的，奥氏体不锈钢是面心立方晶体结构（FCC），滑移面为｛111｝，但是应力腐蚀发生的断裂面并不在该面上。

蠕变膜破裂模型与滑移溶解模型的区别主要在于造成膜破裂的原理不同，在这一模型中，长时间作用的蠕变变形是膜破裂的主因，从而导致局部金属裸露于腐蚀介质中，发生溶解反应。但是蠕变膜破裂现象是一种宏观理论，无法解释微观机理。

隧道腐蚀模型认为金属原子是择优腐蚀的，塑性变形剧烈的地方（位错堆积或滑移台阶等）是发生腐蚀的首选点。以这一点为突破口，在位错线和腐蚀介质的综合作用下，金属腐蚀不断向材料内部发展。这一模型往往不会单独用来解释应力腐蚀现象，因为隧道腐蚀并不是应力腐蚀的主要形式，只是材料应力腐蚀过程中的一种伴随现象。

与前 3 种不同的是应力吸附断裂模型，在这一模型中，腐蚀介质中的一些特殊物质吸附于金属表面削弱了原子间的结合力，拉应力才是应力腐蚀开裂的起因而不是金属的电化学腐蚀。但有很多现象这一理论还不能解释。因为若根据吸附理论，有很多离子（醋酸盐离子、亚硝酸根离子等）对金属的吸附能力远强于氯离子，金属在含有这些离子的环境中应该更容易发生应力腐蚀开裂现象，但是实验表明氯离子的侵蚀性更强，而醋酸盐离子和亚硝酸根离子具有一定延缓腐蚀的作用。

上述几种阳极溶解模型理论说明，阳极溶解是一个复杂的过程，随着反应的进行，溶液中离子含量、种类、浓度及试样的受力面积、受力状态等都是实时变化的，需要根据具体的环境综合研究分析。

（2）氢致开裂型是目前研究最多的一种应力腐蚀机制，其对金属材料和一些非金属材料（如岩石等）的断裂过程都有重要影响，可以使材料在较低的应力作用下，突然发生断裂失效，即氢脆（hydrogen embrittlement，HE），也可以称为氢损伤（hydrogen damage，HD）。

氢的作用有多种不同的表现形式，如常见的钢中的白点、氢蚀、氢诱发裂纹、氢致塑性损伤、氢致相变及氢致延迟开裂等。

白点形成的原因与氢在钢中的固溶度紧密相关。锻造过程中，氢的溶解度随着温度的降低急剧减小，快速冷却后，高温固溶的氢残留在钢内部，结合成氢分子，从而形成很高的氢内压，超过一定临界值时则形成白点。氢蚀（hydrogen attack，HA）或氢腐蚀是一种不可逆损伤，主要发生在一些需要在高温高压氢环境下服役的化工设备中。氢诱发裂纹是在酸性溶液中，试样电解充氢导致内部氢压增高而诱发的裂纹。氢致塑性损伤主要分为可逆和不可逆塑性损伤两类。可逆是指当把材料中原子氢去除之后，材料的塑性损失可以得到恢复。如果即使加热处理后材料的塑性并不能恢复则称之为不可逆氢损伤（如上述的白点和氢诱发的微裂纹等）。

氢致相变主要分为氢化物相和马氏体相变两种类型。以脆性氢化物为例[9,10]，其形成过程往往伴随着晶格畸变，产生很大内应力，裂纹最先在这些氢化物处发生，降低材料的塑性和韧性。以储氢材料为例，经过多次充放氢后，造成多次开裂和塑韧性损失，最后会变成一堆粉末。在氢的作用下，使试样承受低于抗拉强度应力作用后一段时间发生断裂，则称为氢致延迟开裂。氢致相变产生的裂纹也是一种氢致延迟开裂裂纹。

总之，氢在金属断裂过程中有多种不同作用，影响因素众多，作用不同产生裂纹的类型不同，但它们之间是相互影响、相互联系、相互配合的。因此，削弱和消除氢的作用对防护应力腐蚀开裂至关重要。

1.2.1.4 应力腐蚀的防护

应力腐蚀的影响因素主要有：金属/合金成分、环境类型、受力状态及试样几何形貌等。据此，相应的防护手段可以相应从以下几方面着手：

（1）选材。实际工程应用中需综合考虑工作环境，选取纯度较高的金属/合金，尽量避免使用应力敏感性强的材料。

（2）控制环境。需采用有效手段去除环境中易于与结构材料发生应力腐蚀反应的有害因素，如脱氧、除气、控制环境温度、浓度、杂质离子含量、调节pH值或加入缓蚀剂等。

（3）消除应力。拉应力是应力腐蚀开裂的必要条件，消除拉应力可以避免或降低应力腐蚀开裂的趋势。合理设计结构形状尺寸，有效降低应力集中，使结构整体受力均匀。此外，残余应力也是应力腐蚀开裂的重要因素。目前通常采用热处理（低温退火）的方法来消除残余应力的影响。

（4）表面改性。如喷丸使工件表面存在一定压应力。或对试样表面进行涂层处理，阳极氧化、微弧氧化、电镀、化学镀等，以期通过提高试样的耐蚀性能以改善材料的应力腐蚀敏感性。

除了上述方法外，还有电化学保护的方法，因为有些金属/合金的应力腐蚀开裂是在一定电位下发生的，或者金属/合金的钝化区和活化区有明显的敏感电位区，则通过控制电化学电位可以实现对金属/合金材料的防护。

1.2.2 腐蚀疲劳

交变载荷和腐蚀环境共同作用使结构件失效的现象称为腐蚀疲劳，它不是两者的简单叠加，而是两者的相互协同，比单独的循环应力疲劳或者仅受腐蚀作用产生的破坏要大得多。通常取惰性介质（空气）中的疲劳作为对比参照。腐蚀疲劳作为工程构件失效的主要形式，占 80%～90%，危害性很大，仅次于应力腐蚀。腐蚀疲劳和应力腐蚀均属于低应力脆断，两者的区别主要在于，不是所有的材料都可以发生应力腐蚀，只有敏感材料在特定介质中才能发生应力腐蚀开裂，但几乎所有的材料，不论纯金属还是合金在任何腐蚀环境中均能发生腐蚀疲劳[6,11]。

1.2.2.1 腐蚀疲劳特征

一般将空气条件下的常规疲劳称为“纯”疲劳。与“纯”疲劳相比，腐蚀疲劳的疲劳性能明显降低，依据腐蚀环境不同降幅有所不同。相同应力作用下，试样的腐蚀疲劳寿命比“纯”疲劳的要短。这是腐蚀疲劳的主要特征之一。

另外，与常规“纯”疲劳相比，疲劳加载频率对腐蚀疲劳的影响更大。加载频率越低则意味着每个循环周期基体材料与腐蚀环境的作用时间越长，加剧了腐蚀环境的影响，进一步降低了材料的腐蚀疲劳性能。

腐蚀疲劳断口具有“纯”疲劳（疲劳辉纹）和腐蚀的综合特征，“纯”疲劳的裂纹主要萌生于材料的表面或近表面，而试样表面大量的腐蚀坑等缺陷成为腐蚀疲劳的主要裂纹萌生源。

1.2.2.2 腐蚀疲劳表征参量

与常规疲劳一样，腐蚀疲劳主要有最大应力 σ_{max}、最小应力 σ_{min}、应力循环特征系数（即应力比）r、平均应力 σ_m 和应力幅值 σ_a 五个基本应力参量[12]，其相互关系可以从以下公式看出：

$$r = \frac{\sigma_{min}}{\sigma_{max}} \tag{1-1}$$

$$\sigma_m = \frac{\sigma_{max} + \sigma_{min}}{2} = \sigma_{max}(1 + r) \tag{1-2}$$

$$\sigma_a = \frac{\sigma_{max} - \sigma_{min}}{2} = \sigma_{max}(1 - r) \tag{1-3}$$

常用的分析疲劳性能的曲线为应力-循环次数曲线，即 S-N 曲线，其中的应力可以用最大应力 σ_{max}，也可以用应力幅值 σ_a，本书根据 ISO 12107：2012 数据统计分析方法[13~15]，采用最大应力 σ_{max}-N 曲线，并规定当试样循环次数达到 1.0×10^7 次未发生断裂失效时所承载的最大应力作为试样的疲劳极限。

1.2.2.3　腐蚀疲劳机理

目前常见的腐蚀疲劳机理主要有：

（1）点蚀应力集中模型理论。这种模型认为试样在腐蚀环境作用下在表面形成点蚀坑等缺陷，这些缺陷在疲劳循环应力作用下很容易产生应力集中，是理想的腐蚀疲劳裂纹萌生源。

（2）形变优先溶解模型理论。在交变应力作用下，金属内部位错运动和滑移增加，形成位错堆积群和滑移台阶或滑移带，这些缺陷处由于电化学不均匀性与周围基体发生电化学腐蚀，溶解反应的发生释放了位错和滑移能量。试样在交变应力的进一步作用下，形成新的位错堆积和滑移台阶，发生电化学腐蚀。这一过程反复发生，直至试样发生疲劳断裂失效。

（3）保护膜破坏理论。腐蚀反应发生后首先会在金属表面形成一层保护膜(钝化膜)，在外加交变载荷的作用下，保护膜极易发生破坏，露出新鲜金属内表面，然后再钝化再撕裂，最终导致试样疲劳断裂。

（4）吸附理论。这一理论与应力腐蚀机理中吸附断裂理论相似，腐蚀环境中吸附能力强的元素吸附于试样表面，降低金属表面能，交变应力作用下，这些表面能低的位置很容易形成腐蚀疲劳裂纹。

1.2.2.4　腐蚀疲劳的防护

除了空气（惰性介质）中“纯”疲劳的众多应力因素（载荷类型、循环幅值、加载波形等），影响腐蚀环境的所有因素（所含元素、浓度、pH 值、温度等）也都会对材料的腐蚀疲劳产生影响。腐蚀疲劳是一个涉及物理、化学、力学等的多学科的复杂课题。

腐蚀疲劳的防护主要从材料和环境两大方面着手：

（1）合理选材，在满足工程构件强度等力学性能的基础上，需选用耐蚀性较强的材料，而且需要对构件结构进行合理设计，避免易受腐蚀攻击的结构缺陷。

(2) 从腐蚀环境着手，添加缓蚀剂、除氧等是较为有效的方法，还可以采用阴极保护，实验研究表明，施加一定的阴极电位后，可以明显降低材料的腐蚀疲劳裂纹扩展速率，而且腐蚀疲劳极限可以得到改善，甚至提高到“纯”疲劳极限水平[16,17]。

相比之下，表面处理是最常用的方法。因为通常所用的材料和腐蚀环境都是一定的，且受工作环境的限制，如飞机结构，大气环境不可变；海洋结构，添加缓蚀剂是不现实的；石油化工设备，也不能改变油的环境。因此，对材料进行表面处理是必行手段。从原理上分析，一种是改变试样表面受力状态，喷丸后试样表面承受残余压应力作用，有利于提高材料的腐蚀疲劳性能。另一种方法是在试样表面施加一层防护层，将基体与周围环境有效隔绝开来。化学/电镀层、化学转化膜、热喷涂等是常见的防护方法。本书采用微弧氧化和有机涂层分别研究其对 AZ31 镁合金在不同环境下腐蚀疲劳的防护行为。

1.3 镁合金应力腐蚀和腐蚀疲劳性能研究现状

随着世界资源危机和环境污染问题愈演愈烈，作为世界第三大工程结构材料的镁合金资源丰富、质轻环保，不知不觉成为人们的“最后一根救命稻草”。正如前文所述，理论研究中镁合金的腐蚀和力学性能往往可以相互独立，自成体系，但实际应用中的服役环境（包括承载类型和工作介质等）是复杂多变的，这就将更加制约镁合金的工业化应用。

1.3.1 应力腐蚀性能研究现状

应力腐蚀对结构件的危害性最大，镁合金要拓展应用，其应力腐蚀性能的研究是不可逃避的一个重大课题。目前，已开展了一些镁合金应力腐蚀性能的研究，考虑了多种影响因素对镁合金应力腐蚀性能的影响。

中科院金属研究所的 Chen 等人[18]在含除冰剂的溶液中研究了铸态 AZ91 镁合金的应力腐蚀开裂行为。$MgCl_2$ 是除冰剂溶液的主要成分。实验表明，AZ91 镁合金应力腐蚀开裂的临界应力门槛值随着除冰剂浓度的降低而升高。浓度为 0.5mol/L 时，临界应力门槛值为 AZ91 屈服强度的 1/3，0.005mol/L 时，门槛值提高到屈服强度的 3/4。浓度越低，AZ91 发生应力腐蚀开裂的难度越大。Yoshihiko 等人[19]通过控制阴极电位，采用紧凑拉伸实验机研究了变形镁合金 AZ31 在 NaCl 溶液中充氢条件下的应力腐蚀性能。NaCl 溶液浓度的影响在阴极电位一定（-1.4V）时予以考虑，由于氯离子的存在能促进阳极溶解，随着 NaCl 浓度从 0.5%、3.0%至 8.0%的增大，裂纹扩展速率越来越大。这 2 篇研究表明，不管是铸态还是变形镁合金，周围环境的浓度都会对其应力腐蚀性能造成很大影响。

除了应力和腐蚀同时作用，腐蚀环境的其他作用形式（如预腐蚀或预浸蚀）等也会影响镁合金的应力腐蚀性能。在拉伸实验前，预浸蚀时间越长，试样的应力腐蚀性能恶化得越大。浙江大学 Song 等人[20]对 AZ31 镁合金的应力腐蚀开裂行为和氢脆性能进行了研究，表明镁合金的脆性会随着预腐蚀时间的延长而增大。而且，预曝光时间会直接影响 AZ31B 镁合金的延展性[21]。但是并不是在所有腐蚀环境中，预浸蚀都可以降低材料的应力腐蚀性能。Bobby Kannan 等人[22]通过慢应变速率实验研究了挤压 AZ80 镁合金在去离子水和 0.5% NaCl（质量分数）溶液中点蚀诱发氢脆的性能。当试样在慢应变拉伸实验中被连续暴露于腐蚀环境中，应力腐蚀性能均会明显降低。但是如果试样在拉伸实验前预先浸蚀在去离子水和 0.5% NaCl（质量分数）溶液中，两种情况下的应力腐蚀性能是不同的，预浸蚀于去离子水中试样的应力腐蚀性能没有明显变化，而预浸蚀于 NaCl 溶液中再拉伸时，试样的应力腐蚀性能明显下降。这说明，腐蚀环境的作用形式对镁合金应力腐蚀性能的影响与腐蚀介质的类型紧密相关。

从材料的角度考虑，镁合金的类型、成型工艺、显微组织、合金元素及试样的几何形状尺寸等都会影响其应力腐蚀性能。2013 年，Choudhary 等人[23]在生理环境下对比分析了普通镁合金 AZ91D 和生物医用镁合金 Mg-3%Zn-1% Ca（质量分数）的应力腐蚀性能。结果表明，后者的应力腐蚀开裂敏感性要强于前者。Padekar 等人[24]研究了含稀土元素的 EV31A 和不含稀土的 AZ91E 镁合金在含饱和 $Mg(OH)_2$ 的 0.01mol/L NaCl 溶液中的应力腐蚀开裂性能，EV31A 的应力腐蚀抗力要大于 AZ91E 镁合金，其对应力腐蚀开裂的敏感性稍低。

同种牌号的镁合金，成型工艺不同，应力腐蚀性能不同。Argade 等人[25]采用单通道和双通道搅拌摩擦处理获得细晶和超细晶显微组织，通过慢应变速率实验研究了具有不同显微组织的 AZ31 镁合金在 3.5% NaCl（质量分数）溶液中的应力腐蚀开裂行为。结果表明，与空气环境下相比，处理后的 AZ31 镁合金在 3.5% NaCl（质量分数）溶液中的极限抗拉强度明显下降，失重达 75%。研究人员 Unigovski 等人[26]研究了同一牌号不同成型工艺 AZ91 镁合金在 0.1g/L 硼酸盐（$Na_2B_4O_7$）和 0.9% NaCl 溶液中的应力腐蚀开裂行为。在两种溶液中，流变成型态的腐蚀速率都小于传统铸态合金，使其应力腐蚀开裂敏感性低于后者。这主要是因为成型工艺不同显微组织不同造成的。流变成型是在铸造温度达到 580℃开始搅拌固溶态金属而形成的，最终获得球状显微组织，而传统铸态 AZ91 镁合金的显微组织为树枝状晶，耐蚀性更差。Winzer 等人[27]对具有不同显微组织的三种镁合金 AZ91、AZ31 和 AM30 在去离子水中的应力腐蚀开裂行为进行了对比分析。其中 AZ31 和 AM30 的显微组织以 α-Mg 相为主，而 AZ91 除了 α-Mg 相外，还有沿晶界分布的 β 相（$Mg_{17}Al_{12}$）颗粒。这使得与 AZ31 和 AM30 相比，AZ91 的应力腐蚀性能有两大不同的表现：第一，AZ91 拥有较低临界应力值；第二，

AZ91 应力腐蚀裂纹萌生于第二相颗粒处。此外，AZ 系（AZ31 和 AZ91）镁合金和 AM 系（AM30）镁合金的不同之处还有所含的第三种主要元素不同，前者是 Zn 元素后者是 Mn 元素。合金元素和第二相颗粒的共同作用导致三种合金应力腐蚀开裂速度以 AM30、AZ91 和 AZ31 的顺序依次增大。添加稀土元素（La、Y、Sc）可以抑制镁合金中第二相 $Mg_{17}Al_{12}$ 在晶界形成，而 $Mg_{17}Al_{12}$ 可促进镁合金应力腐蚀开裂，因此，添加稀土元素可以增强镁合金的应力腐蚀抗力[28]。这与文献［24］阐述的结论是一致的。

试样的几何形状尺寸对其应力腐蚀性能同样具有重要影响。因为不同的几何形状试样的受力状态不同。同样条件下，紧凑拉伸试样处于平面应力状态，而带圆形缺口的拉伸试样则处于平面应变状态。根据裂纹扩展速率和应力强度因子曲线可以看出，紧凑拉伸试样的应力强度因子较高，从而使其应力腐蚀敏感性更大[29]。

氢在镁合金应力腐蚀开裂过程中有很重要的作用。可以通过充氢处理来具体分析氢对镁合金应力腐蚀开裂的影响。对于铸态 AZ91 镁合金来说，不管是在空气、去离子水还是 0.01mol/L Na_2SO_4 溶液中，充氢处理后，由于脆性氢化物在第二相附近生成，试样的极限抗拉强度、断裂时间及最大应变等都会明显下降[30]。

前文所述是从腐蚀环境和镁合金材料两大方面分析影响因素，实际实验过程中还有很多因素需要考虑，如应变速率、实验方法、阴极电位等。采用三种不同的应变速率（$1.2\times10^{-7}s^{-1}$、$2.2\times10^{-7}s^{-1}$ 和 $4.3\times10^{-7}s^{-1}$）研究 AZ91D 镁合金在空气和模拟人体环境（*m*-SBF）中的应力腐蚀开裂行为。可以观察到，在同一环境下，应变速率越小，AZ91D 镁合金的应力腐蚀敏感性越大[31]。这主要是由于应变速率较低时，有更多的氢可以进去基体，所造成的危害性更大。但是当应变速率一定时，AZ91D 镁合金在模拟人体环境下的应力腐蚀敏感性还是要大于空气介质中的。

不同实验方法对镁合金应力腐蚀性能的影响可以从应力腐蚀开裂速度上定量对比分析。Winzer 等人[32,33]在应力腐蚀实验过程中分别采用直流电位下降法（direction current potential drop，DCPD）和延迟氢开裂（delayed hydride cracking，DHC）模型测试 AZ31 镁合金在去离子水中的裂纹开裂速度，分别为 2.5×10^{-9} ~ 8×10^{-9}m/s 和 1.0×10^{-7}m/s。AZ31 镁合金在去离子水中的应力腐蚀开裂速度有两种，且属于不同数量级，差异较大。不仅如此，镁合金在不同应力腐蚀开裂阶段的性能测试需要采用不同的实验方法，如线性增加应力测试法（linearly increasing stress test，LIST）和恒延伸率测试法（constant extension rate test，CERT），两者均可以有效观测应力腐蚀开裂的发生。但是，LIST 实验周期短于 CERT，前者可以快速预测应力腐蚀开裂门槛值，而后者由于提供了较长的断口观测时间更有利于测定材料的应力腐蚀开裂速度[34]。

根据电位-pH 图，镁合金在不同阴极电位下处于不同的区域：免疫区、溶解区和钝化区。Toshifumi 等人[35]分别在四个不同的阴极电位-1.4V、-2.5V、-3.0V和-4.0V 下研究了变形镁合金 AZ31、AZ61 及热处理后 AZ61-T5 在 3% NaCl（pH=7）中性溶液中的应力腐蚀开裂行为。在同一阴极电位下，AZ31 裂纹扩展过程中的应力强度因子门槛值 K_{ISCC}低于 AZ61-T5，AZ61-T5 又低于热处理前的 AZ61。这主要是由于阳极溶解耐力不同造成的。如图 1-1 所示，pH=7 时，镁合金在-1.4V 时处于溶解区有利于发生阳极溶解反应，在-2.5V 时处于临近溶解区的免疫区，在-3.0V 和-4.0V 下，镁合金处于免疫区，不易发生溶解反应，应力腐蚀开裂机理以氢脆为主。

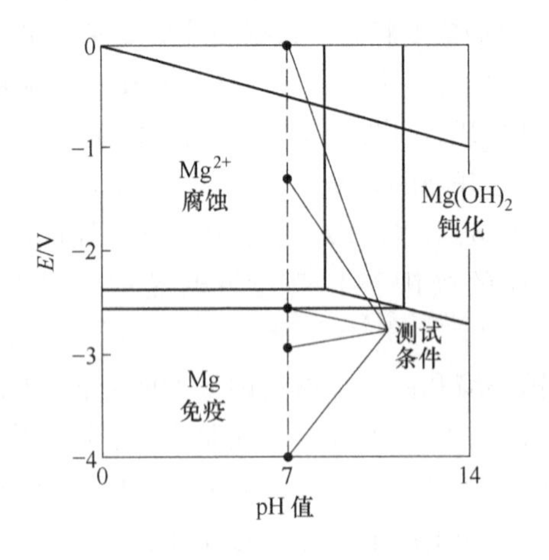

图 1-1　镁的电位-pH 图

考虑了电位-pH 图中电位的影响，周围腐蚀环境 pH 值的影响也是值得考虑的。中国科学院金属研究所黄发等人[36]研究了铸造镁合金 AZ91D 在 CO_3^{2-}/HCO_3^- 体系中的应力腐蚀性能，CO_3^{2-}/HCO_3^-体系会使 AZ91 表面产生很多点蚀坑并成为裂纹萌生源，随着体系 pH 值的增大，AZ91D 的应力腐蚀敏感性降低。还有研究者李海宏等人[37,38]也对 AZ91D 镁合金的应力腐蚀性能进行了研究，得出触变成形态的抗应力腐蚀敏感性要大于传统铸态的。测试了触变成形 AZ91D 镁合金在含强腐蚀性 Cl^-的常见氯化钠溶液中的应力腐蚀开裂性能，表明溶液 pH 值不仅可以改变镁合金应力腐蚀的断裂时间，而且可以影响其断口形貌。相比之下，变形 AZ31 镁合金和铸态 AZ91 镁合金的显微组织明显不同，应力腐蚀性能的研究较少，这与其越来越广泛的发展应用不符。因此，本书将在第 2 章详细讨论分析不同 pH 值腐蚀环境下，变形 AZ31 镁合金的应力腐蚀开裂行为。

1.3.2　应力腐蚀防护性能研究现状

相比镁合金应力腐蚀开裂性能的研究，其防护性能研究还处于起步阶段，研究较少。目前主要采用的防护方法以表面处理为主。

其中，等离子电解氧化（plasma electrolytic oxidation，PEO）处理方法应用较多。Bala Srinivasan 等人[39~41]分别研究了基于硅酸盐 PEO 处理后的变形 AZ61 镁合金和铸态 AM50 镁合金在 ASTM D1384 溶液中的应力腐蚀开裂行为。与母材相比，PEO 处理后 AZ61 和 AM50 的耐腐蚀性能有很大提高。但是，应力腐蚀开裂敏感性的改善很少，其应力-应变曲线与母材的接近。同样腐蚀环境下，作者也对磷酸盐和硅酸盐电解液中 PEO 处理后的 AZ31 镁合金的应力腐蚀开裂行为进行了研究[42]，其应力腐蚀开裂敏感性并不像耐均匀腐蚀性能一样得到明显改善，涂层缺陷中的微裂纹是应力腐蚀开裂的主要原因。可以看出，PEO 处理后，镁合金的耐蚀性能，尤其是耐均匀腐蚀性能得到显著提高，但是应力腐蚀开裂性能并没有得到相应改善，其中的原因值得进一步探究。

激光冲击（laser shock processing/peening，LSP）处理，又称为激光喷丸处理，是利用激光束产生的高强度等离子波冲击材料表面，改善材料表面的显微组织和残余应力分布。残余应力的存在可以减缓危害性较大的拉应力作用，从而提高材料的力学性能。You Jian 等人[43,44]和 Li 等人[45]分别采用 LSP 处理 AZ31B 镁合金表面，研究其在 1% NaOH（质量分数）溶液和 3.5% NaCl（质量分数）溶液中的应力腐蚀性能。LSP 处理后合金近表面晶粒细化，随着激光冲击次数的增加，晶粒细化程度增加，并且其表面形成的残余压应力可以抑制镁合金应力腐蚀裂纹的萌生和扩展。与母材相比，LSP 处理后的镁合金应力腐蚀开裂抗力增大。这表明 LSP 处理是一种有效的应力腐蚀防护方法。但是要实现这种方法的广泛推广，激光设备和试样尺寸之间的匹配问题值得注意。

本书将在第 4 章采用一种普遍应用的方法：微弧氧化及封孔处理，研究 AZ31 镁合金在空气及常见含 Cl^- 和 SO_4^{2-} 的环境下的应力腐蚀性能。分析探讨微弧氧化层及封孔处理对镁合金应力腐蚀裂纹萌生及扩展的影响。

1.3.3 腐蚀疲劳性能研究现状

近年来，有关镁合金腐蚀疲劳性能已开展了一些研究，但尚未形成理论体系，而且，相比低频疲劳性能，高频腐蚀疲劳性能的研究几乎处于空白阶段，严重制约着镁合金腐蚀疲劳性能的研究进展。

中国科学院金属研究所国家腐蚀与防护重点实验室曾荣昌、韩恩厚等人[46~48]研究了挤压 AZ80 和 AM60 镁合金在空气和 3.5% NaCl（质量分数）溶液中的腐蚀疲劳性能（加载频率 $f=10$Hz，应力比 $r=-1$），观察得出 2 种合金裂纹萌生位置明显不同，分别为：（1）在无腐蚀环境作用下，AZ80 的疲劳裂纹往往源于材料缺陷夹杂物处，而腐蚀疲劳裂纹则萌生于试样表面的点蚀坑；（2）AM60镁合金与前者不同之处是在空气环境下，疲劳裂纹萌生于合金中的

AlMn 相。此外，不同 pH 值的 NaCl 溶液对镁合金的疲劳性能影响很大。作者认为 pH 值为酸性时，在腐蚀坑和试样表面往往会覆盖一层较厚的腐蚀产物，碱性时，镁合金试样表面会覆盖一层 $Mg(OH)_2$ 保护膜，两种环境下镁合金的疲劳寿命均能获得不同程度的保护。相比之下，利于裂纹萌生的腐蚀坑数量当 pH 值为中性时达到最多，严重影响试样的疲劳寿命。从以上分析看出，镁合金腐蚀性能与 pH 值的相互关系对其腐蚀疲劳性能有一定影响。早在 20 世纪初期就有研究学者 Makar 等人[49]指出金属镁对 pH>10.5（相当于饱和氢氧化镁）的碱性溶液具有一定的耐蚀能力。铸锭和压铸态 AZ91D 镁合金在酸性腐蚀液（pH＝1～2）中的腐蚀速率大于在中性和碱性（pH＝4.5～12）[50]溶液中。杨丽景等人[3]研究得出压铸镁合金 AZ91D 的腐蚀速率随着 Na_2SO_4 腐蚀液 pH 值的增大而减小。

Zhou 等人[51,52]利用全数据声发射（acoustic emission，AE）系统研究 AZ31B 镁合金的腐蚀疲劳性能（f＝1Hz，r＝0.1），并讨论了 Cl^-浓度的影响。根据腐蚀和疲劳过程，声发射信号有 4 种：阳极溶解时的扩展波、阴极析氢产生的弯曲波、疲劳加载过程中产生塑性变形的连续型信号和裂纹扩展时的高载荷扩展信号。前两种在整个疲劳实验阶段一直存在，后两种信号需要在特定阶段才出现。因此，可以通过 AE 分析 AZ31B 镁合金的腐蚀疲劳性能。Cl^-浓度的影响可以根据 AE 信号释放能计算出相应疲劳损伤容限。AE 是一种无损探伤技术[53]，根据材料在各种力作用下产生变形或者形貌变化时产生的瞬态弹性波来探测材料的损伤。

西安交通大学强度与振动教育部重点实验室刘马宝等人[54]研究了高纯度压铸镁合金 AM50HP 和 AZ91HP 在 3.5% NaCl（质量分数）溶液中的腐蚀疲劳性能（f＝10Hz，r＝0.2），结果表明两种合金的腐蚀性能严重恶化，压铸成型工艺对疲劳裂纹萌生有重要影响，铸造缺陷是主要的裂纹萌生源。

镁合金还可以作为生物移植材料应用于生物医学领域，北京大学的 Gu 等人[55]研究了压铸镁合金 AZ91D 和挤压镁合金 WE43 在 37℃模拟人体环境（simulated body fluid，SBF）中的腐蚀疲劳行为（f＝10Hz，r＝－1）。与空气中相比，两种合金的疲劳极限均严重下降，分别为 20MPa 和 40MPa。

国外也有一些学者研究了不同成型态不同牌号镁合金在不同腐蚀环境下的腐蚀疲劳行为。Eliezer 等人[56,57]研究了压铸和挤压态镁合金 AZ91D 、AM50 和 AZ31 在空气、3% NaCl 腐蚀液、传动油和自然矿物油中的腐蚀疲劳行为（f＝30Hz，r＝－1），结果表明与压铸态相比，挤压态镁合金对腐蚀环境敏感性更强，但腐蚀疲劳寿命却更长些。在另外两种油介质作用下，合金在自然矿物油环境下的疲劳寿命长于在传动油中。Sotomi Ishihara 等人[58]研究了同种镁合金 AZ31 不同形态挤压和轧制态在 3% NaCl 环境下的腐蚀疲劳寿命（f＝30Hz，r＝－1），尽管不同成型状态下镁合金的耐腐蚀能力不同，但测试表明挤压和轧制态的试样具有相同的腐蚀疲劳寿命。文献［59］中指出不同成型状态镁合金 ZK60、AZ31 和 AM50 相比，在同种腐蚀介质中，挤压态的耐腐蚀性要弱于压铸态。这是因为挤压镁合金加工过程中会产生相对较高的塑性变形，残余变形使合金发生应变硬化，增加了金属原子的化学势和机械化学溶解作用[60]，产生的塑性变形可以使材料的腐蚀速率明显加快。但是，挤压镁合金的腐蚀疲劳性能要优于铸态（f=30Hz，r=-1）。

上述分析表明，镁合金的腐蚀疲劳性能与其耐蚀性并不是完全一致的，需要根据受力状态、腐蚀环境等，进行大量实验研究，总结规律，以期在未来建立镁合金腐蚀疲劳性能的预测机制，更安全有效地合理应用镁合金。

除了加工成型工艺的影响，不同牌号的镁合金腐蚀疲劳性能也不同。这主要是因为牌号不同，所含合金元素的含量也不同。如不同牌号镁合金中 Al 元素的含量不同，则会对合金的腐蚀性能产生一定影响。无论是压铸态或挤压态镁合金，溶解速率均随着 Al 含量的增加而增大[61,62]。当合金中 Al 含量超过 4%时，耐蚀性能优于基体的第二相 $Mg_{17}Al_{12}$的析出量显著增加[63]，从而明显提高了 Mg-Al 合金的耐蚀性能。而 Song 等人[64]研究了镁合金第二相热稳定性能，指出在 AZ91 镁合金时效初始阶段，$Mg_{17}Al_{12}$相可以增强合金的耐蚀性能，随着时效时间增长，合金的耐蚀性能却出现了下降的趋势。这是因为第二相析出量增加使基体中 Al 元素含量越来越少，从而使合金的整体耐蚀性能下降。因此，在研究镁合金腐蚀疲劳性能时，元素 Al 的含量是一个重要考虑因素。

当前开展研究最多的腐蚀介质主要有：不同湿度、去离子水、NaCl 溶液或盐雾或者含有氯离子的环境（$CaCl_2$）等。Yoshiharu Mutoh 等人[65]研究了同种镁合金 AZ61 在低湿度（35%~40% RH）、高湿度（80% RH）和 5% NaCl 盐雾环境下的高周疲劳性能（f=20Hz，r=-1）。一般情况下，高湿度环境对钢铁和铝合金材料疲劳极限的影响不大，但镁合金在高湿度环境下的疲劳极限却明显下降。相比之下，5% NaCl 盐雾条件下疲劳极限的下降更为急剧，这主要是因为在腐蚀环境和交变载荷的相互作用下形成的腐蚀坑为裂纹的萌生提供了有利条件。

Shahnewaz Bhuiyan 等人[66~68]研究了三种挤压镁合金 AZ31、AZ61 和 AZ80-T5 分别在低湿度（35%~40% RH）、高湿度（80% RH）、5% NaCl（质量分数）溶液和 5% $CaCl_2$（质量分数）溶液四种环境下的腐蚀疲劳行为（f=20Hz，r=-1）。结果表明，与低湿度环境相比，镁合金的腐蚀疲劳极限在高湿度、NaCl 和 $CaCl_2$ 溶液中均显著下降，后两者降幅较大，尤其是 NaCl 溶液中的。这主要是由于氯离子的存在可以加速镁合金在中性溶液中的腐蚀速率，且随着氯离子浓度的增加而增大[69]。随着氯离子浓度的不同，Mg-Al 合金发生丝状腐蚀和点状腐蚀[70]。这与试样周围的点蚀现象一致，在低应力幅值和腐蚀环境共同作用下，这些点蚀坑相互结合并长大，往往成为腐蚀疲劳裂纹最佳萌生源。试样在 5%

NaCl（质量分数）溶液中的疲劳性能比在 5% $CaCl_2$（质量分数）溶液中恶化严重。这主要是由于相同质量分数下，NaCl 溶液中的氯离子浓度（30mg/L）大于 $CaCl_2$ 溶液中的（16mg/L 仅为前者的一半大小）。上述研究还表明，即使在空气环境下进行腐蚀疲劳实验也需要注意观测周围环境中湿度等的影响。

Nan 等研究者[71]也研究了挤压镁合金 AZ31 在 3% NaCl（质量分数）溶液中腐蚀疲劳性能（$f=30$Hz，$r=-1$），与空气中（120MPa）相比，AZ31 在 3% NaCl（质量分数）溶液中的疲劳极限（50MPa）严重下降，降幅达到一半以上。腐蚀介质中，AZ31 的腐蚀疲劳寿命主要包括两个阶段：（1）点蚀坑的成长阶段，当长大到一定临界尺寸时疲劳裂纹萌生，此阶段占整个疲劳寿命达 70%～80%；（2）疲劳裂纹的扩展阶段。Chamos 等人[72]在疲劳实验前，将挤压镁合金试样在 ASTM B117 型盐雾系统中预腐蚀 6h。疲劳实验参数 $f=25$Hz，$r=0.1$。与腐蚀前后试样的疲劳极限分别为 155MPa 和 80MPa，降幅大约为 50%。也就是说，即使同种腐蚀介质，其作用形式不同也会影响镁合金的腐蚀疲劳性能。

疲劳实验参数对镁合金的腐蚀疲劳性能也有很大影响。Ishihara 等人[73]研究得出在不同应力循环特征系数 r（0.1，1，$f=30$Hz）下，挤压镁合金 AZ31 的疲劳寿命和裂纹扩展行为不尽相同。除此之外，在疲劳实验过程当中还需考虑很多因素，如加载频率等。镁合金 AZ61 和 AZ80 的疲劳裂纹扩展速率与加载频率成反比，而时效处理可以加快镁合金疲劳裂纹的扩展[74,75]。

由上可以看出，疲劳实验参数对镁合金疲劳性能的影响通常通过对裂纹扩展速率的影响来表征。实际上，周围环境的湿度和类型及镁合金的显微组织等也可以影响其疲劳裂纹扩展速率。Nakajima 等人[76]研究了湿度和水环境对轧制 AZ31 和挤压 AZ61 镁合金疲劳裂纹扩展的影响。加载频率 $f=1$Hz，$r=0.05$。考虑到裂纹闭合效应，疲劳裂纹扩展速率在空气、去离子水和干燥空气中依次减小。还有研究[77]表明 AZ61 镁合金的疲劳裂纹扩展速率会随着相对湿度和温度的升高而增大。挤压和轧制镁合金 AM60 的加工工艺不同，使其具有不同的显微组织，从而影响镁合金疲劳裂纹的扩展，研究表明，轧制态的疲劳裂纹扩展速率要高于挤压态的[78]。

综上，影响镁合金腐蚀疲劳性能的因素众多，加剧了研究任务的困难性和周期性，镁合金腐蚀疲劳性能的研究还有很长的道路要走。本书将在第 3 章对挤压镁合金 AZ31 在不同环境下的腐蚀疲劳性能进行详细研究，除了采用常见的空气和含氯离子环境，还研究了另外两种普遍的材料服役环境：硫酸根离子（大气酸雨的主要成分）和齿轮油（工业结构件常用，如润滑），并进行对比分析。

1.3.4 腐蚀疲劳防护性能研究现状

常见改善镁合金腐蚀疲劳性能的方法主要有：喷丸、添加稀土元素、化学镀、电镀、化学转化膜、类金刚石碳多层涂层和阳极氧化处理等。

Alam Khan 等研究者[79]对比分析了压铸和喷丸处理后 AM60 镁合金在低湿度（相对湿度 55%）、高湿度（相对湿度 80%）和 5% NaCl 溶液中的腐蚀疲劳性能（f=20Hz，r=0.1）。喷丸处理前后，AM60 镁合金在高湿度和 NaCl 溶液中的腐蚀疲劳强度均明显下降。腐蚀环境相同时，喷丸处理可以提高镁合金的腐蚀疲劳强度，这主要是由于喷丸处理使合金表面加工硬化并产生残余压应力。

稀土镁合金 Mg-RE 的研发是新型镁合金开发的一个重要方向，通过添加不同稀土元素可以改善镁合金耐蚀性差、高温强度低等缺点。Petra Maier 等人[80]研究了稀土镁合金 Mg10GdxNd 在空气和 Ringer-Acetate 腐蚀环境下的疲劳行为，结果表明 Mg10Gd 中加入 Nd 合金化后不管在空气还是腐蚀介质中均可以提高其腐蚀疲劳寿命。

Ishihara 等人[81,82]分别采用化学镀和电镀镍涂层的方法处理 AZ31 镁合金，并在旋转弯曲疲劳实验机上研究其在空气和 3% NaCl 溶液中腐蚀疲劳性能（f=10~30Hz，r=−1）。化学镀镍前后试样在空气环境下疲劳性能没有明显变化，但在 NaCl 溶液中，涂层处理后的疲劳性能明显下降，这与钢和铝合金材料的研究结论是一致的[83,84]。这表明化学镀镍对镁合金腐蚀疲劳性能的改善是无益的。相比之下，电镀镍涂层的方法并不是一无是处，虽然在空气环境下，Ni 涂层对 AZ31 镁合金的疲劳性能是有害的。这主要是因为在电镀 Ni 涂层的过程中会产生许多表面缺陷，这些缺陷是很容易形成裂纹源的薄弱区域。而在 3%NaCl 腐蚀液中，电镀 Ni 涂层耐腐蚀的优越性明显得以体现，与未涂层的试样相比，电镀镍涂层可以显著改善试样的腐蚀疲劳性能[85,86]。这说明电镀镍涂层应用场合是有选择性的，在空气等惰性介质中反而不宜使用。

Shahnewaz Bhuiyan 等人[87,88]采用化学转化膜的处理方法对 AZ61 镁合金进行转化涂层处理，研究涂层封孔处理前后试样在低湿度（相对湿度 35%~40%）、高湿度（相对湿度 80%）和 5%NaCl 溶液三种环境下的腐蚀疲劳行为（f=20Hz，r=−1）。封孔前，与低湿度下母材相比，涂层试样的疲劳极限变化不大，但在高湿度和 NaCl 溶液中均明显下降，下降率分别为 11%和 63%。喷漆封孔处理后，与低湿度下母材相比，涂层封孔试样的疲劳极限在低湿度和高湿度下均变化不大，仅在 NaCl 溶液中下降了 11%。但是相比未涂层试样在氯化钠溶液中的下降率达 85%来说，化学转化及封孔处理还是对改善镁合金的腐蚀疲劳性能有益的，且还有进一步改进空间。

Yoshihiko Uematsu 等人[89]通过在 AZ80A 镁合金表面涂覆总厚度一定（3μm 和 12μm）的单涂层或多层涂层的类金刚石碳涂层，研究其在空气和去离子水中的腐蚀疲劳行为（f=19Hz）。研究表明在空气条件下，总厚度相同时，多层涂层比单层涂层试样在空气中的疲劳强度高，疲劳裂纹会从涂层下方基体中缺陷处萌生。但无论是两种厚度的单涂层还是 3μm 厚的多层涂层处理均不能提高试样在去离子水中的腐蚀疲劳强度，因为厚度较薄，腐蚀液会穿过涂层缺陷部位渗入到基体，降低试样的疲劳性能。但当多层涂层厚度达到 12μm 厚时，试样的腐蚀疲劳强度不会下降。这是因为较厚的多层涂层可以消除和减少涂层中的缺陷，从而保护了试样。可见试样表面涂层层数及厚度均会对镁合金的腐蚀疲劳性能产生影响。为提高腐蚀疲劳性能，需要根据镁合金及涂层类型，施加相应厚度和层数的涂层。

阳极氧化是提高镁合金耐蚀性能的一种常见方法。迄今，阳极氧化更多的是应用于铝合金[90~95]和生物医用钛合金[96,97]腐蚀疲劳性能的改善，对镁合金腐蚀疲劳性能的研究较少。Sabrina 等人[98,99]研究了经不同厚度阳极氧化涂层处理后，AM60 镁合金在不同湿度环境下的疲劳性能。在高湿度（相对湿度 80%）环境下，未处理的镁合金试样的疲劳性能在低湿度（相对湿度 55%）下明显退化。阳极氧化处理后，试样在高湿度下的疲劳强度相比未处理的有略微提高。这说明阳极氧化前后，湿度对镁合金的疲劳强度的影响一直存在。但是经喷漆封孔处理后，湿度的影响几乎可以忽略。对比三种不同厚度涂层 1μm、5μm 和 15μm 发现，1μm 时，试样的疲劳强度达到最高。实际操作中，氧化涂层最好小于 5μm。本书在第 4 章和第 5 章微弧氧化涂层的厚度正考虑了此因素。

在传统阳极氧化的基础上，微弧氧化将工作区域引入高压放电区，在一定电解液中，通过弧光放电作用在 Al、Mg、Ti 及其合金表面原位生成以基体金属氧化物为主的陶瓷膜层。因此，又被称为微等离子阳极氧化或阳极火花沉积。与传统阳极氧化膜相比，微弧氧化膜避免了阳极氧化过程中的硬质缺陷，其空隙小、结构致密，且与基体能够紧密结合，使膜层的综合性能得到很大提高，具有更高的耐蚀耐磨性能[100,101]。微弧氧化的一系列优点越来越引发人们的关注，采用微弧氧化技术提高材料的疲劳性能具有更扎实的理论和研究意义。但目前采用微弧氧化改善材料的腐蚀疲劳性能处于起步阶段，主要集中于铝合金和钛合金，如果说阳极氧化对镁合金腐蚀疲劳性能的研究很少，那么微弧氧化在镁合金腐蚀疲劳性能的应用方面就是空白，迄今尚未发现相关研究。

鉴于此，以下将简要介绍目前微弧氧化应用于铝合金和钛合金腐蚀疲劳性能的研究现状。2011 年，微弧氧化技术被用于 6061-T6 铝合金，随着在 3.5% NaCl 溶液中预浸蚀时间的增加，试样腐蚀疲劳寿命缩短了。但是与同样条件下未处理试样相比，微弧氧化膜（KOH : Na_2SiO_3 = 2 : 1）使 6061-T6 铝合金疲劳寿命的下降率明显降低了[102]。这说明，微弧氧化技术对 6061-T6 铝合金的腐蚀疲劳性能是有一定的防护作用的。2012 年，有学者[103]研究表明磷酸盐微弧氧化涂层对 Ti-6Al-4V 钛合金的疲劳性能没有任何影响。即便如此，相比上述阳极氧化对疲劳性能的负面影响，微弧氧化的作用还是有正面性的。2013 年，清华大学 Wang

等人[104]在国际断裂会议上阐述了不同氧化膜对7574-T6和2024-T4两种铝合金疲劳寿命的影响不同。不进行封孔处理的微弧氧化涂层和硬质氧化涂层对合金的疲劳寿命是不利的，而经封孔处理后，微弧氧化涂层对合金的疲劳寿命可以有积极作用。

综合分析，本书将采用微弧氧化及封孔处理AZ31镁合金，选取适当厚度氧化涂层，在第5章研究其在不同腐蚀环境下的腐蚀疲劳行为。探讨分析微弧氧化涂层应用于镁合金时的主要特征，研究微弧氧化层及封孔处理对腐蚀疲劳性能的影响。

1.4 亟待研究的问题

1.4.1 应力腐蚀

根据材料不同分析，现阶段镁合金应力腐蚀性能的研究以AZ91和AZ31镁合金的研究较多。但是相比之下，AZ91镁合金研究的实验参数和腐蚀环境更为全面，从成型方式、显微组织、应变速率及阴极电位，再到人体模拟环境、NaCl溶液（浓度、pH值）、Na_2SO_4溶液、$Na_2B_4O_7$溶液、不同pH值的CO_3^{2-}/HCO_3^-体系及除冰剂（$MgCl_2$）等各种不同环境都进行了研究。而AZ31镁合金应力腐蚀性能的研究环境主要集中于不同浓度的NaCl溶液和去离子水两种，还有大量影响因素仍待进一步探究。

NaCl溶液是目前研究较多的镁合金腐蚀环境，主要是因为Cl^-强侵蚀性的作用。Cl^-直径小，穿透力强，可以与镁合金主要腐蚀产物（钝化膜）$Mg(OH)_2$发生化学反应，使其溶解为$MgCl_2$[105]。如下镁合金腐蚀反应公式[106,107]：式（1-4）为阳极反应，式（1-5）为阴极反应，式（1-6）为总反应。可以看出，$Mg(OH)_2$的溶解使整个反应式（1-6）加速，腐蚀速率增大，Cl^-的强腐蚀性得以体现。除了研究较多的NaCl溶液浓度方面的影响，溶液pH值等也是影响镁合金腐蚀性能的重要因素[108~110]，而不同pH值对AZ31镁合金在NaCl溶液中的应力腐蚀行为的研究仍不成熟。基于此，本书将在第2章开展不同环境不同pH值对AZ31镁合金应力腐蚀性能的研究。

$$Mg \longrightarrow Mg^{2+} + 2e \tag{1-4}$$

$$2H_2O + 2e \longrightarrow H_2 + 2OH^- \tag{1-5}$$

$$Mg + 2H_2O \longrightarrow Mg(OH)_2 + H_2\uparrow \tag{1-6}$$

众所周知，大气是众多工程结构件或交通工具（汽车车身和轮毂、飞机壳等）需要首先适应的最重要的服役环境。镁合金性质活泼，在空气中，即使是常温环境下也极易氧化，温度越高镁合金的活性越大，对周围环境非常敏感，常温下湿度的变化也会影响镁合金的储藏及腐蚀和力学性能。因此，大气环境对镁合金动态力学性能具有重要影响。尤其是在工业重污染环境下，影响因素复杂，如影响镁合金腐蚀性能的二氧化硫（SO_2）气体[111]，污染程度越大，SO_2 的浓度越高，影响越严重。SO_2 的存在有助于酸雨的形成，受大气湿度的影响，极易转换为硫酸根离子（SO_4^{2-}）。有研究测试表明，1993~2003 年太原地区长期受酸雨的影响[112]。含 SO_4^{2-} 的腐蚀环境成为必要的研究选择[113~119]。研究镁合金在含 SO_4^{2-} 溶液中应力腐蚀行为具有重要的实用价值。因此，除了空气和 NaCl 溶液，本书还选择了 Na_2SO_4 溶液。

目前研究镁合金的应力腐蚀防护方法单一，主要以 PEO 处理和 LSP 处理为主。而且，两种处理方法均处于研究阶段。因此，开展多种环境下应力腐蚀及防护性能的研究，对加快镁合金发展应用具有重要的研究价值和现实意义。

1.4.2 腐蚀疲劳

镁合金的腐蚀疲劳性能是一个涉及力学、物理、化学等多学科领域的复杂课题。目前研究镁合金腐蚀疲劳性能的文献均具备一些共同特征：（1）腐蚀疲劳实验加载频率均为低频，不大于 30Hz，高频腐蚀疲劳性能缺乏研究；（2）上述研究的防护方法对镁合金腐蚀疲劳性能的改善有限，缺乏有效防护方法的研究；（3）AZ31 镁合金疲劳性能的腐蚀环境以不同湿度、去离子水和 NaCl 溶液为主，还没有讨论 SO_4^{2-} 对疲劳性能的影响；（4）对镁合金腐蚀疲劳机理的研究处于起步阶段。

本书除了采用上述的 3.5% NaCl（质量分数）溶液（常见模拟海水环境）和 3.5% Na_2SO_4（质量分数）溶液（考虑大气酸雨的影响），还研究了 AZ31 镁合金在齿轮油（API GL-4 SAE 75W-90）中的高频（99~102Hz）疲劳行为。作为传动油的一种，齿轮油的主要作用是保护各种传输动力零件（齿轮），防止其磨损擦伤，保护各种传动件安全可靠运行，是未来镁合金构件发展必须适应的重要服役环境。

1.5 主要研究内容

镁合金的一系列优点使其成为继钢铁和铝合金材料之后，世界第三大工程应用结构材料。镁合金轻量化环保易于回收利用的特性在资源紧缺、环境污染的当下显得难能可贵，随着社会的发展，世界人民的目光越来越聚焦于镁合金。人们迫切需要用镁合金替代一些资源消耗大污染严重的工业领域，首当其冲的是交通工具领域和各种电子产品等。但是，镁合金并不是完美的，它有众多优点的同时还具有一种几乎致命的缺点——耐蚀性差。这主要是由于金属镁的化学性质非常活泼，在室温环境下都极易氧化。这一特点严重制约着镁合金的发展应用。

本书紧跟时代步伐，以镁合金实际发展应用需求为研究对象。若镁合金未来应用于各个工业领域包括各种交通设施，其要直面两大课题：力的作用和周围服役环境的影响。其中力的作用主要指动载，因为实际生活中各构件在使用过程中往往承受的是动载而非完美条件的静载，本书选用慢拉伸应力腐蚀和腐蚀疲劳实验，正是为了很好的模拟实际服役情况。对于周围服役环境，本书主要选用较普遍的几种：空气、3.5% NaCl（质量分数）溶液（通常用来模拟海洋环境）、3.5% Na_2SO_4（质量分数）溶液（主要是考虑大气中酸雨环境的影响，浓度的选择是为了与强侵蚀性的 Cl^- 进行对比分析），还有齿轮油（其是轴类等各种传动件的重要服役环境，主要应用于各种机械设备中）。综合分析，研究常用变形AZ31镁合金在多介质下的慢拉伸应力腐蚀和腐蚀疲劳性能对拓展和尽快实现镁合金的广泛发展应用具有重要意义。

研究镁合金在不同环境下的慢拉伸应力腐蚀和腐蚀疲劳性能，仅可以了解镁合金在不同环境下的基本性能，要加快实现镁合金的发展应用，关键还在于如何消除或者减小周围环境对活泼镁合金在不同环境下服役的影响。本书采用耐蚀性较好的微弧氧化及封孔和有机涂层处理镁合金表面，研究表面处理后的慢拉伸应力腐蚀和腐蚀疲劳性能，丰富和发展了镁合金在腐蚀环境下动态力学性能的研究经验和理论基础，为镁合金在腐蚀环境下的发展应用迈出了实质性的步伐。

参 考 文 献

[1] 贺秀丽. AZ31B 镁合金 TIG 焊接接头疲劳评定局部法研究 [D]. 太原：太原理工大学，2011.

[2] Song G L, Bowles Amanda L, StJohn David H. Corrosion resistance of aged die cast magnesium alloy AZ91D [J]. Materials Science and Engineering A, 2004, (366): 74~86.

[3] 杨丽景. AZ91D 镁合金显微组织对其在特定环境下腐蚀行为的影响 [D]. 太原：太原理工大学，2010.

[4] Avedesian M, Baker H. Magnesium and Magnesium Alloys [M]//ASM specialty handbook. Metals Park, Ohaio, USA: ASM International, 1999.

[5] Gray J E, Luan B. Protective coatings on magnesium and its alloys——A critical review [J]. Journal of Alloys and Compounds, 2002, 336: 88~113.

[6] 孙秋霞. 材料腐蚀与防护 [M]. 北京：冶金工业出版社，2009.

[7] 乔利杰，王燕斌，褚武扬. 应力腐蚀机理 [M]. 北京：科学出版社，1993.

[8] Yoshihiko U, Toshifumi K, Masaki N. Hydrogen embrittlement type stress corrosion cracking behavior of wrought magnesium alloy AZ31 [J]. Procedia Engineering, 2011, 10: 578~582.

[9] Ben-Hamu G, Eliezer D, Shin KS, et al. The relation between microstructure and corrosion behavior of Mg-Y-RE-Zr alloys [J]. Journal of Alloys and Compounds, 2007, 431: 269~276.

[10] Winzer N, Atrens A, Song G, et al. A critical review of the stress corrosion cracking (SCC) of magnesium alloys [J]. Advcanced Engineering Materials, 2005, 7: 659~693.

[11] 王荣. 金属材料的腐蚀疲劳 [M]. 西安: 西北工业大学出版社, 2001.

[12] 赵建生. 断裂力学及断裂物理 [M]. 武汉: 华中科技大学出版社, 2003.

[13] Neter J, Wasserman W, Kutner M H. Applied linear statistical models [M]. 2ed//Irwin, Homewood, Ⅱ, USA, 1985.

[14] Draper N, smith H. Applied regression analysis. New York: Wiley, 1981.

[15] He X L, Wei Y H, Hou L F, et al. Investigation on corrosion fatigue property of epoxy coated AZ31 magnesium alloy in sodium sulfate solution [J]. Theoretical and Applied Fracture Mechanics, 2014, 70: 39~48.

[16] 李劲, 王政富, 柯伟. 波型与电位对 A537 钢疲劳裂纹扩展的影响 [J]. 金属学报, 1993, 29 (6): B274~278.

[17] 蒋祖国. 飞机结构腐蚀疲劳 [M]. 北京: 航空工业出版社, 1991.

[18] Jian C, Ai M R, Wang J Q, et al. Stress corrosion cracking behaviors of AZ91 magnesium alloy in deicer solutions using constant load [J]. Materials Science and Engineering A, 2009, 515: 79~84.

[19] Yoshihiko U, Toshifumi K, Masaki N. Stress corrosion cracking behavior of the wrought magnesium alloy AZ31 undercontrolled cathodic potentials [J]. Materials Science and Engineering A, 2012, 531: 171~177.

[20] Song R G, Blawert C, Dietzel W, et al. A study on stress corrosion cracking and hydrogen embrittlement of AZ31 magnesium alloy [J]. Materials Science and Engineering A 399 (2005) 308~317.

[21] Mariano K, Mariano I, Ricardo M C. Pre-exposure embrittlement and stress corrosion cracking of magnesium alloy AZ31B in chloride solutions [J]. Corrosion, 2014, 70 (7): 667~677.

[22] Bobby Kannan M, Dietzel W. Pitting-induced hydrogen embrittlement of magnesium-aluminium alloy [J]. Materials and Design, 2012, 42: 321~326.

[23] Choudhary L, Singh Raman RK. Mechanical integrity of magnesium alloys in a physiological environment:Slow strain rate testing based study [J]. Engineering Fracture Mechanics, 2013, 103: 94~102.

[24] Padekar Bharat S, Singh Raman RK, Raja VS, et al. Stress corrosion cracking of a recent rare-earth containing magnesium alloy, EV31A, and a common Al-containing alloy, AZ91E [J]. Corrosion Science, 2013, 71: 1~9.

[25] Argade G R, Yuan W, Kandasamy K, et al. Stress corrosion cracking susceptibility of ultrafine grained AZ31 [J]. Journal of Materials Science, 2012, 47 (19): 6812~6822.

[26] Unigovski Ya, Gutman E M, Koren Z, et al. Effect of processing on stress-corrosion behavior of die-cast Mg-Al alloy [J]. Journal of Materials Processing Technology, 2008, 208: 398~399.

[27] Winzer N, Atrens A, Dietzel W, et al. Characterisation of stress corrosion cracking (SCC) of

Mg-Al alloys [J]. Materials Science and Engineering: A, 2008, 488 (1): 339~351.

[28] 刘贵立. 稀土对镁合金应力腐蚀影响电子理论研究 [J]. 物理学报, 2006, 55 (12): 6570~6573.

[29] Bharat S. Padekar, Raja VS, Singh Raman RK. Stress corrosion cracking of a wrought Mg-Mn alloy under plane strain and plane stress conditions [J]. Engineering Fracture Mechanics, 2013, 102: 180~193.

[30] Jian C, Wang J Q, Han E H, et al. Effect of hydrogen on stress corrosion cracking of magnesium alloy in 0. 1mol/L Na_2SO_4 solution [J]. Materials Science and Engineering A, 2008, 488: 428~434.

[31] Lokesh C, Jeremy S, Robert G, et al. Investigations into stress corrosion cracking behaviour of AZ91D magnesium alloy in physiological environment [J]. Procedia Engineering, 2011, 10: 518~523.

[32] Winzer N, Atrens A, Dietzel W, et al. Stress corrosion cracking (SCC) in Mg-Al alloys studied using compact specimens [J]. Advanced Engineering Materials, 2008, 10 (5): 453~458.

[33] Winzer N, Atrens A, Dietzel W, et al. Evaluation of the delayed hydride cracking mechanism for transgranular stress corrosion cracking of magnesium alloys [J]. Materials Science and Engineering A, 2007, 466: 18~31.

[34] Winzer N, Atrens A, Dietzel W, et al. Comparison of the linearly increasing stress test and the constant extension rate test in the evaluation of transgranular stress corrosion cracking of magnesium [J]. Materials Science and Engineering A, 2008, 472: 97~106.

[35] Yoshihiko U, Toshifumi K, Masaki N. Stress corrosion cracking behavior of the wrought magnesium alloy AZ31 and AZ61 under controlled cathodic potentials [J]. Materials Science and Engineering A, 2012, 531: 171~177.

[36] 黄发, 陈健, 王俭秋. 铸造 AZ91 镁合金在 CO_3^{2-}/HCO_3^- 体系中的应力腐蚀行为 [J]. 中国腐蚀与防护学报, 2010, 30 (5): 347~353.

[37] 李海宏, 陈体军, 郝远, 等. 触变成形 AZ91D 镁合金在 NaCl 溶液中的应力腐蚀行为研究 [J]. 材料保护, 2007, 40 (10): 12~15.

[38] 李海宏, 陈体军, 郝远, 等. pH 值对触变成形和金属型铸造 AZ91D 镁合金试样应力腐蚀行为的影响 [J]. 铸造, 2006, 55 (8): 835~838.

[39] Bala Srinivasan P, Zettler R, Blawert C, et al. A study on the effect of plasma electrolytic oxidation on the stress corrosion cracking behaviour of a wrought AZ61 magnesium alloy and its friction stir weldment [J]. Materials Characterization, 2009, 60 (1): 389~396.

[40] Bala Srinivasan P, Blawert C, Dietzel W. Effect of plasma electrolytic oxidation coating on the stress corrosion cracking behavior of wrought AZ61 magnesium alloy [J]. Corrosion Science, 2008, 50 (8): 2415~2418.

[41] Bala Srinivasan P, Blawert C, Dietzel W, et al. Stress corrosion cracking behaviour of a surface-modified magnesium alloy [J]. Scripta Materialia, 2008, 59 (1): 43~46.

[42] Bala Srinivasan P, Liang J, Blawert C, et al. Environmentally assisted cracking behaviour of plasma electrolytic oxidation coated AZ31 magnesium alloy [J]. Corrosion Engineering Science and Technology, 2011, 46 (6): 706~711.

[43] Zhang Y K, You J, Lu J Z, et al. Effects of laser shock processing on stress corrosion cracking susceptibility of AZ31B magnesium alloy [J]. Surface and Coatings Technology, 2010, 204 (24): 3947~3953.

[44] 尤建. 激光冲击强化处理 AZ31B 镁合金抗应力腐蚀性能研究 [D]. 镇江: 江苏大学, 2010.

[45] Li X C, Zhang Y K, Chen J F, et al. Effect of laser shock processing on stress corrosion cracking behaviour of AZ31 magnesium alloy at slow strain rate [J]. Materials Science and Technology, 2013, 29 (5): 626~630.

[46] 曾荣昌, 韩恩厚, 柯伟, 等. 变形镁合金 AZ80 的腐蚀疲劳机理 [J]. 材料研究学报, 2004, 18 (6): 561~567.

[47] 曾荣昌, 韩恩厚, 柯伟, 等. 挤压镁合金 AM60 的腐蚀疲劳 [J]. 材料研究学报, 2005, 19 (1): 1~7.

[48] Zeng R C, Han E H, Kr W. Fatigue and corrosion fatigue of magnesium alloys [C]//Materials Science Forum. 2005, 488: 721~724.

[49] Makar G L, Kruger J. Corrosion of magnesium [J]. International Materials Reviews, 1993, 38 (3): 138~153.

[50] Ambat R, Aung N N, Zhou W. Evaluation of microstructural effects on corrosion behavior of AZ91D magnesium alloy [J]. Corrosion Science, 2000, 42: 1433~1455.

[51] Zhou H M, Wang J Q, Zhang B, et al. Acoustic emission signal analysis for rolled AZ31B magnesium alloy during corrosion fatigue process [J]. Journal of Chinese Society for Corrosion and Protection, 2009, 29 (2): 81~87.

[52] Zhou H M, Wang J Q, Zang Q S, et al. Study on the cffect of Cl^- concentration on the corrosion fatigue damage in a rolled AZ31B magnesium alloy by acoustic emission [J]. Key Engineering Materials, 2007, 353: 327~330.

[53] Dzenis Y A. Cycle-based analysis of damage and failure in advanced composites under fatigue 1 experimental observation of damage development within loading cycles [J]. International Journal of Fatigue, 2003, 25: 499~510.

[54] 刘马宝, 雷军, 高玉侠, 等. 压铸镁合金腐蚀疲劳性能的研究 [J]. 航空材料学报, 2007, 27 (1), 76~80.

[55] Gu X N, Zhou W R, Zheng Y F, et al. Corrosion fatigue behaviors of two biomedical Mg alloys AZ91D and WE43 In simulated body fluid [J]. Acta Biomaterialia, 2010, 6: 4605~4613.

[56] Eliezer A, Gutman E M, Abramov E, et al. Corrosion fatigue of die-cast and extruded magnesium alloys [J]. Journal of Light Metals, 2001: 179~186.

[57] Eliezer A, Medlinsky O, Haddad J, et al. Corrosion fatigue behavior of magnesium alloys under oil environments [J]. Materials Science and Engineering A, 2008, 477: 129~136.

[58] Ishihara S, Nan Z Y, Namito T, et al. On Electrochemical polarization curve and corrosion fatigue resistance of the AZ31 magnesium alloy [J]. Key Engineering Materials, 2010, 452~453: 321~324.

[59] Unigovski Ya, Eliezer A, Abramov E, et al. Corrosion fatigue of extruded magnesium alloys [J]. Materials and Engineering A, 2003, 360: 132~139.

[60] Gutman E M. Mechanochemistry of solid surfaces [M]. World Scientific, New Jersey, Singapore, London, 1994: 322.

[61] Gutman E M, Unigovski Ya, Eliezer A, et al. Mechanoelectrochemical behavior of pure magnesium and magnesium alloys stressed in aqueous solutions [J]. Journal of Materials Synthesis and Processing, 2000, 8 (3~4): 133~138.

[62] Gutman E M, Eliezer A, Unigovski Ya, et al. Mechanoelectrochemical behavior and creep corrosion of magnesium alloys [J]. Materials Science and Engineering A, 2001, 302 (1): 63~67.

[63] 张诗昌，段汉桥，蔡启舟，等．主要合金元素对镁合金组织和性能的影响 [J]. 铸造，2001, 50 (6): 310~314.

[64] Song G, Bowles A L, StJohn D H. Corrosion resistance of aged die cast magnesium alloy AZ91D [J]. Materials Science and Engineering A, 2004, A366 (1): 74~86.

[65] Yoshiharu M, Shahnewaz Bhuiyan M, Zainuddin S. High cycle fatigue behavior of magnesium alloys under corrosive environment [J]. Key Engineering Materials, 2008, 378~379: 131~146.

[66] Shahnewaz Bhuiyan M D, Yoshiharu M, Tsutomu M, et al. Corrosion fatigue behavior of extruded magnesium alloy AZ80-T5 in a 5% NaCl environment [J]. Engineering Fracture Mechanics, 2010, 77: 1567~1576.

[67] Shahnewaz Bhuiyan M D, Yoshiharu M, Tsutomu M, et al. Corrosion fatigue behavior of extruded magnesium alloy AZ61 under three different corrosive environments [J]. International Journal of Fatigue, 2008, 30: 1756~1765.

[68] Shahnewaz Bhuiyan M D, Yoshiharu M. Two stage S-N curve in corrosion fatigue of extruded magnesium alloy AZ31 [J]. Songklanakarin Journal of Science and Technology, 2009, 31 (5), 463~470.

[69] Song G, Atrens A. Understanding of magnesium corrosion [J]. Advanced Engineering Materials, 2003, 5 (12): 837~858.

[70] Lubbert K, Kopp J, Wendler-Kalsch E. Corrosion behaviour of laser beam welded aluminium and magnesium alloys in the automotive industry [J]. Materials and Corrosion, 1999, 50: 65~72.

[71] Nan Z Y, Ishihara S, Goshima T. Corrosion fatigue behavior of extruded magnesium alloy AZ31 in sodium chloride solution [J]. International Journal of Fatigue, 2008, 30: 1181~1188.

[72] Chamos A N, Pantelakis Sp G, Spiliadis V. Fatigue behaviour of bare and pre-corroded magnesium alloy AZ31 [J]. Materials and Design, 2010, 31: 4130~4137.

[73] Ishihara S, McEvily A J, Sato M. The effect of load ratio on fatigue life and crack propagation behavior of an extruded magnesium alloy [J]. Inernational Journal of Fatigue, 2009, 31: 1788~1794.

[74] Zeng R C, Ke W, Han E H. Influence of load frequency and ageing heat treatment on fatigue crack propagation rate of as-extruded AZ61 alloy [J]. International Journal of Fatigue, 2009, 31 (3): 463~467.

[75] Zeng R C, Xu Y B, Ke W, et al. Fatigue crack propagation behavior of an as-extruded magnesium alloy AZ80 [J]. Materials Science and Engineering A, 2009, 509 (1): 1~7.

[76] Nakajima M, Tokaji K, Uematsu Y, et al. Effects of humidity and water environment on fatigue crack propagation in magnesium alloys [J]. Society of Materials Science, 2007, 56 (8): 764~770.

[77] Zeng R C, Han E H, Ke W. Effect of temperature and relative humidity on fatigue crack propagation behavior of AZ61 magnesium alloy [C]//Materials science forum. 2007, 546: 409~412.

[78] Zeng R C, Han E H, Ke W, et al. Influence of microstructure on tensile properties and fatigue crack growth in extruded magnesium alloy AM60 [J]. International Journal of Fatigue, 2010, 32 (2): 411~419.

[79] Sabrina A K, Shahnewaz Bhuiyan M D, Yukio M, et al. Corrosion fatigue behavior of die-cast and shot-blasted AM60 magnesium alloy [J]. Materials Science and Engineering A, 2011, 528: 1961~1966.

[80] Petra M, Okechukwu A, Frank M, et al. Cyclic deformation of newly developed magnesium cast alloys in corrosive environment [J]. Materials Science Forum, 2011, 690: 495~498.

[81] Ishihara S, Notoya H, Okada A, et al. Effect of electroless-Ni-plating on corrosion fatigue behavior of magnesium alloy [J]. Surface and Coatings Technology, 2008, 202: 2085~2092.

[82] Ishihara S, Namito T, Notoya H, et al. The corrosion fatigue resistance of an electrolytically-plated magnesium alloy [J]. International Journal of Fatigue, 2010, 32: 1299~1305.

[83] Ishihara S, Shiozawa K, Miyao K, et al. Effects of fluid flow rate and stress amplitude on the initiation and growth behaviour of corrosion pits on an annealed carbon steel [J]. Transactions Japan Society Mechanical Engineering, 1991, 57: 1775~1781.

[84] Ishihara S, Saka S, Nan Z Y, et al. Prediction of corrosion fatigue lives of aluminium alloy on the basis of corrosion pit growth law [J]. Fatigue and Fracture of Engineering Materials and Structures, 2006, 29 (6): 472~480.

[85] Kristian P L, Anette A R, Jan T R, et al. MEMS device for bending test: measurements of fatigue and creep of electroplated nickel [J]. Sensors and Actuators A: Physical. 2003, 103 (1~2): 156~164.

[86] Straub T, Baumert E K, Eberl C, et al. A method for probing the effects of conformal nanoscale coatings on fatigue crack initiation in electroplated Ni films [J]. Thin Solid Films, 2012, 526: 176~182.

[87] Shahnewaz Bhuiyan M D, Yoshiharu M. Corrosion fatigue behavior of conversion coated and painted AZ61 magnesium alloy [J]. International Journal of Fatigue, 2011, 1548~1556.

[88] Shahnewaz Bhuiyan M D, Yuichi O, Yoshiharu M, et al. Corrosion fatigue behavior of conversion coated AZ61 magnesium alloy [J]. Materials Science and Engineering A , 2010, 527: 4978~4984.

[89] Yoshihiko U, Toshifumi K, Takema T, et al. Improvement of corrosion fatigue strength of magnesium alloy by multilayer diamond-like carbon coatings [J]. Surface and Coatings Technology, 2011, 205: 2778~2784.

[90] Majid S, Michel C, Rémy C, et al. Effect of sealed anodic film on fatigue performance of 2214-T6 aluminum alloy [J]. Surface and Coatings Technology, 2012, 206: 2733~2739.

[91] Majid S, Michel C, Rémy C, et al. Surface characterization and influence of anodizing process on fatigue life of Al 7050 alloy [J]. Materials and Design, 2011, 32: 3328~3335.

[92] Shahzad M, Chaussumier M, Chieragatti R, et al. Influence of anodizing process on fatigue life of machined sluminiumslloy [J]. Procedia Engineering, 2010, 2: 1015~1024.

[93] Hemmouche L, Fares C, Belouchrani MA. Influence of heat treatments and anodization on fatigue life of 2017A alloy [J]. Engineering Failure Analysis, 2013, 35: 554~561.

[94] Nie B H, Zhang Z, Zhao Z H, et al. Effect of anodizing treatment on the very high cycle fatigue behavior of 2A12 - T4 aluminum alloy [J]. Materials and Design, 2013, 50: 1005~1010.

[95] Michel C, Catherine M, Majid S, et al. A predictive fatigue life model for anodized 7050 aluminium alloy [J]. International Journal of Fatigue, 2013, 48: 205~213.

[96] Leoni A, Apachitei I, Riemslag A C, et al. In vitro fatigue behavior of surface oxidized Ti35Zr10Nb biomedical alloy [J]. Materials Science and Engineering C, 2011, 31: 1779~1783.

[97] Apachitei I, Leoni A, Riemslag A C, et al. Enhanced fatigue performance of porous coated Ti6Al4V biomedical alloy [J]. Applied Surface Science, 2011, 257: 6941~6944.

[98] Sabrina A K, Yukio M, Yoshiharu M, et al. Fatigue behavior of anodized AM60 magnesium alloy under humid environment [J]. Materials Science and Engineering A, 2008, 498: 377~383.

[99] Sabrina A K, Yukio M, Yoshiharu M, et al. Effect of anodized layer thickness on fatigue behavior of magnesium alloy [J]. Materials Science and Engineering A, 2008, 474: 261~269.

[100] 郝建民，陈宏，张荣军，等. 微弧氧化和阳极氧化处理镁合金的耐蚀性对比 [J]. 材料保护，2003，36 (1)：20~21.

[101] 杨培霞，郭洪飞，安茂忠，等. 镁合金表面微弧氧化陶瓷膜耐蚀性能评价 [J]. 航空材料学报，2007，27 (3)：33~37.

[102] Nitin P W, Jyothirmayi A, Sundararajan G. Influence of prior corrosion on the high cycle fatigue behavior of microarc oxidation coated 6061-T6 Aluminum alloy [J] . International Journal of Fatigue, 2011, 33: 1268~1276.

[103] Fernanda P, Enrico J G, Laís TD, et al. Fatigue behavior and physical characterization of

durface-modified Ti-6Al-4V ELI alloy by micro-arc oxidation [J]. Materials Research, 2012, 15 (2): 305~311.

[104] Wang X S, Guo X W, Li X D, et al. Effect of different micro-arc oxidation coating layer types on fatigue life of 2024-T4 alloy [C]//13th International Conference on Fracture, Beijing, China, 2013, 16~21.

[105] Ambat R, Aung N, Zhou W. Evaluation of microstructural effects on corrosion behaviour of AZ91D magnesium alloy [J]. Corrosion Science, 2000, 42: 1433~1455.

[106] Pardo A, Merino M C, Coy A E, et al. Corrosion behavior of magnesium/aluminium alloys in 3.5% NaCl [J]. Corrosion Science, 2008, 50: 823~834.

[107] Makar G L, Kruger J. Corrosion of magnesium [J]. International Materials Reviews, 1993, 38: 138~153.

[108] Zhao M C, Liu M, Song G L, et al. Influence of pH and chloride ion concentration on the corrosion of Mg alloy ZE41 [J]. Corrosion Science, 2008, 50: 3168~3178.

[109] Hikmet A, Sadri Sn. Studies on the influence of chloride ion concentration and pH on the corrosion and electrochemical behaviour of AZ63 magnesium alloy [J]. Materials and Design, 2004, 25: 637~643.

[110] Ambat R, Aung N, Zhou W. Studies on the influence of chloride ion and pH on the corrosion and electrochemical behaviour of AZ91D magnesium alloy [J]. Journal of Applied Electrochemistry, 2000, 30: 865~874.

[111] 林翠，李晓刚. AZ91D 镁合金在含 SO_2 大气环境中的初期腐蚀行为 [J]. 中国有色金属学报, 2004, 14 (10): 1658~1665.

[112] 徐可文，任璞，王军平. 太原酸雨特征分析 [J]. 山西气象, 2005, (4): 11~13.

[113] Abd El HSM, Abd El W S, Bahgat A. Environmental factors affecting the corrosion behaviour of reinforcing steel. V. Role of chloride and sulphate ions in thecorrosion of reinforcing steel in saturated $Ca(OH)_2$ solutions [J]. Corrosion Science, 2013, 75: 1~15.

[114] Vu A Q, Vuillemin B, Oltra R, et al. In situ investigation of sacrificial behaviour of hot dipped AlSi coating in sulphate and chloride solutions [J]. Corrosion Science, 2013, 70: 112~118.

[115] Yang L J, Wei Y H, Hou L F, et al. Corrosion behaviour of die-cast AZ91D magnesium alloy in aqueous sulphate solutions [J]. Corrosion Science, 2010, 52: 345~351.

[116] Nickchi T, Alfantazi A. Electrochemical corrosion behaviour of Incoloy 800 in sulphate solutions containing hydrogen peroxide [J]. Corrosion Science, 2010, 52: 4035~4045.

[117] Li L F, Caenen P, Jiang M F. Electrolytic pickling of the oxide layer on hot-rolled 304 stainless steel in sodium sulphate [J]. Corrosion Science, 2008, 50: 2824~2830.

[118] Kuczynska-Wydorska M, Flis J. Corrosion and passivation of low-temperature nitride AISI 304L and 316L stainless steels in acidified sodium sulphate solution [J]. Corrosion Science, 2008, 50: 523~533.

[119] Baril G, Pébère N. The corrosion of pure magnesium in aerated and deaerated sodium sulphate solutions [J]. Corrosion Science, 2001, 43: 471~484.

2　AZ31镁合金在不同环境中的应力腐蚀行为

2.1　概述

一直以来，应力腐蚀开裂（stress corrosion cracking，SCC）被认为是工程结构失效的重要原因。这主要是由于应力腐蚀开裂发生的突然性，事先观测不到明显的可见变形，是一种在较低载荷作用下突然发生的脆性断裂现象，往往会给人们的生命财产安全造成巨大的威胁。因此，了解和掌握所选用工程结构材料的应力腐蚀性能具有重要意义。

金属镁密度小，1.74g/cm^3，原子序数12，化学性质活泼，是地壳中第八大含量丰富的元素。以镁为基体加入其他合金元素形成的镁合金具有密度小（1.3~1.9g/cm^3，约为铝的2/3）、比强度高、易于回收利用等优点，是目前工业上可应用最轻的金属结构材料之一[1~4]。但是镁合金耐蚀性差，使得镁合金构件的应力腐蚀性能备受关注，有关镁合金应力腐蚀性能的研究成为推广其安全广泛应用的一大热点[5,6]。

影响镁合金应力腐蚀性能的因素众多，主要包括合金类型[7,8]、试样形状[9]、显微组织[10]、成型状态[11]、充氢前后[12]、周围环境的浓度[13,14]、预腐蚀时间[15,16]、实验方法[17~19]、应变速率[20]及阴极电位[21]等。除此之外，周围环境pH值也对镁合金的耐蚀性能有重要影响[22~24]，但研究还较少，且主要集中于AZ91D镁合金。黄发等人[25]研究了在不同pH值的CO_3^{2-}/HCO_3^-环境下铸造AZ91D镁合金的应力腐蚀行为，观察到随着溶液pH值的增大，镁合金逐步由溶解区向钝化区移动，自腐蚀电位正移，表面萌生裂纹的腐蚀缺陷减少，使合金的抗应力腐蚀开裂能力增大。李海宏等人[26]对比分析了不同pH值的NaCl溶液中AZ91D镁合金的应力腐蚀行为。表明，酸性条件可以加速裂纹扩展，降低材料的应力腐蚀抗力；而碱性条件下，OH^-的存在有助于表面钝化膜的快速成型，一定程度上可以保护镁合金，抑制应力腐蚀开裂的发生。

本章以常用变形AZ31镁合金为研究对象，研究其在不同pH值的3.5% NaCl和Na_2SO_4（质量分数）溶液中的应力腐蚀开裂行为，讨论相同环境不同pH值及相同pH值不同侵蚀离子（Cl^-和SO_4^{2-}）的影响，并与空气中应力腐蚀性能进行对比分析，丰富和发展AZ31镁合金应力腐蚀性能的研究理论，为镁合金未来的安全广泛应用提供可靠的理论和数据支持[27,28]。3.5% NaCl（质量分数）溶液常用以模拟海洋环境，是船舶等工业设备必须适应的服役环境。而选择 3.5% Na_2SO_4（质量分数）溶液，主要是基于两方面原因：（1）考虑到空气中酸雨的影响，而 SO_2 是其主要成分，SO_4^{2-}是 SO_2 稳定存在的一种重要形式；（2）浓度方面的选择是为了与强酸根离子 Cl^-具有可比性。

2.2　实验方法

2.2.1　实验材料及尺寸

本章选用挤压 AZ31 镁合金棒材，其化学成分和室温力学性能分别见表 2-1 和表 2-2。

表 2-1　AZ31 镁合金的化学成分（质量分数）　　（%）

成分	Al	Zn	Mn	Cu	Ni	Fe	Si	Mg
含量	2.9536	0.8635	0.3326	0.0020	0.0005	0.0017	0.0159	其余

表 2-2　AZ31 镁合金的室温力学性能

合金	抗拉强度 σ_b/MPa	屈服强度 σ_s/MPa	延伸率 δ/%
AZ31	275	183.5	22.7

试样由直径为 20mm 的 AZ31 镁合金棒材机加工成型，其几何形状尺寸如图 2-1 所示。应力腐蚀实验前，试样需经 800 号、1000 号、1200 号、1500 号、2000 号砂纸依次打磨并用去离子水和丙酮清洗吹干，避免试样表面污物及粗糙度对实验的影响。

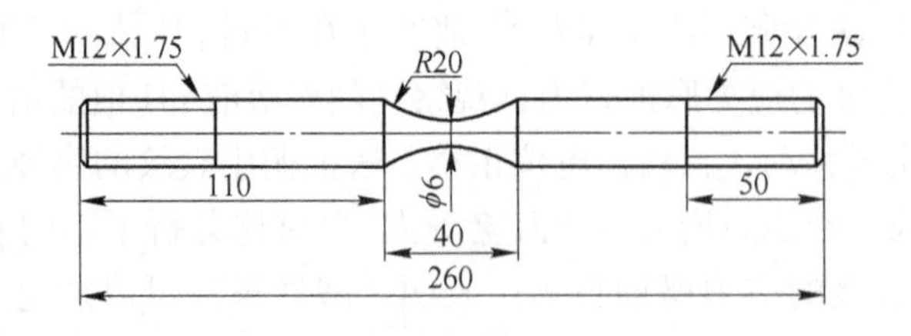

图 2-1　应力腐蚀试样形状及尺寸（单位：mm）

实验环境包括：空气（相对湿度约 35%，25℃）、不同 pH 值（2±0.5，7±0.5，12±0.5）的 3.5% NaCl（质量分数）溶液和 3.5% Na_2SO_4（质量分数）溶液，其由分析纯级别的 NaCl 和 Na_2SO_4 及去离子水配得，分别用 HCl、H_2SO_4 和 NaOH 调节至所需要的 pH 值。

2.2.2 电化学测试

阴极和阳极动电位极化测试采用 PGSTAT30 电化学工作站的三电极体系：以饱和甘汞电极作为参比电极，铂电极为辅助电极，镁合金试样为工作电极。镁合金电化学试样需用绝缘胶涂覆，保持工作面积为 10mm×10mm。测试环境与应力腐蚀实验环境一样。电化学实验需待开路电位稳定后开始测试，扫描速度为 1.0mV/s，扫描电位范围为-2.0～-0.5V。

2.2.3 应力腐蚀实验

实验采用 LETRY-WOML-10 型微机控制慢拉伸实验系统，如图 2-2 中（a）所示。应力腐蚀实验按照国标 GB/T 15970.7—2000 执行，应变速率为 $10^{-6}s^{-1}$。实验过程中，试样的标距部分始终浸蚀在 250mL 的腐蚀环境中（见图 2-2 中(b)）。为保证实验数据的稳定性和可靠性，每个实验数据需重复 3 次，取平均值。为保持腐蚀环境 pH 值的稳定性，实验过程中腐蚀介质每 8h 更换一次。

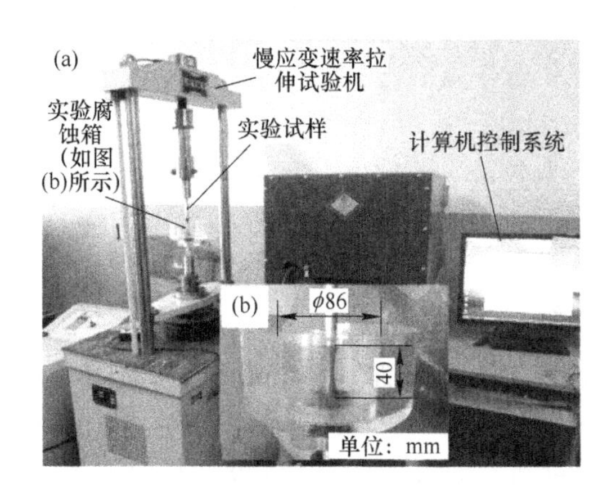

图 2-2 应力腐蚀实验系统

2.2.4 其他测试方法

用光学显微镜（MDS，Nikon）和透射电子显微镜 TEM（JEM-2010 型）观察 AZ31 镁合金显微组织形貌。为最大程度地减少其他因素的干扰，用 TR240 便携式表面粗糙度仪测试试样表面粗糙度，以保证实验所采用的试样表面状态一致。

采用 VEGA3SBH 型扫描电子显微镜（SEM）观察分析应力腐蚀实验后，AZ31 镁合金试样去除腐蚀产物前后的表面形貌及应力腐蚀开裂断口特征。为去除腐蚀产物，需将试样在煮沸的 20% CrO_3（质量分数）和 1% $AgNO_3$（质量分数）混合溶液中清洗约 3min，然后取出用去离子水冲洗干净并吹干。

2.3 实验结果

2.3.1 显微组织及表面特征

挤压 AZ31 镁合金显微组织形貌如图 2-3 所示。由图中金相显微组织可以看出，镁合金主要由 α-Mg 组成，周围没有明显的 β 相，且整体晶粒分布均匀呈等轴晶状，无孪晶现象。经打磨清洗处理后，试样表面粗糙度 R_a 保持在0.090~0.095μm 之间，从而可以忽略粗糙度对 AZ31 镁合金应力腐蚀性能的影响[29~33]。

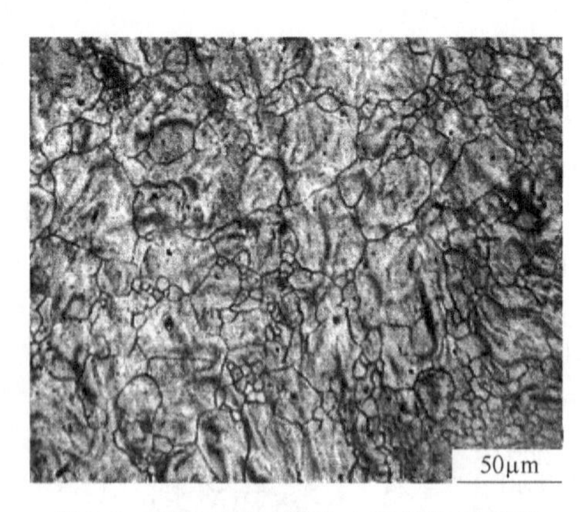

图 2-3 挤压 AZ31 镁合金显微组织形貌

2.3.2 电化学实验结果

图 2-4 所示为 AZ31 镁合金分别在不同 pH 值（2±0.5，7±0.5，12±0.5）的 3.5% NaCl（质量分数）溶液和 3.5% Na_2SO_4（质量分数）溶液中的电化学极化曲线测试结果。由图可知，不同环境下，阴极（析氢）极化曲线的轨迹基本相似，遵循 Tafel 规律。根据 Tafel 法则计算结果，从自腐蚀电位看，试样在 NaCl 溶液中 pH 值为 2、7 和 12 时的自腐蚀电位分别为 -1.512V、-1.519V 和 -1.556V。在 Na_2SO_4 溶液中的自腐蚀电位分别为 -1.517V、-1.560V 和 -1.542V。可以看出，不同环境下的腐蚀电位差别不是很大。从电流密度分析，试样在 NaCl 中 pH 值为 2、7 和 12 时的腐蚀电流密度分别为 $5.160\times10^{-4}A/cm^2$、$2.674\times10^{-4}A/cm^2$ 和 $1.166\times10^{-4}A/cm^2$。在 Na_2SO_4 中的分别为 $3.784\times10^{-5}A/cm^2$、$2.893\times10^{-5}A/cm^2$ 和 $1.817\times10^{-5}A/cm^2$。由此可明显看出，镁合金在 NaCl 溶液中的电流密度整体比 Na_2SO_4 溶液中的大一个数量级，这与 Cl^- 的强侵蚀性有关。同种环境下，腐蚀电流密度与 pH 值成反比，pH 值越大，腐蚀电流密度越小，镁合金的抗腐蚀性越好。

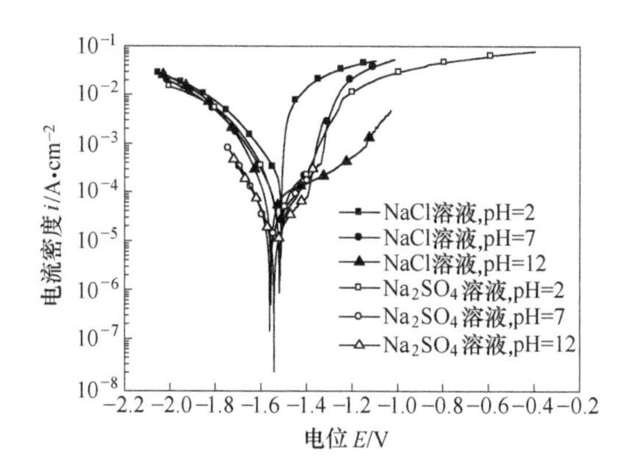

图 2-4　AZ31 镁合金在不同环境下的极化曲线

2.3.3　应力腐蚀实验结果

图 2-5（a）所示为由应力腐蚀实验得出的 AZ31 镁合金在不同环境下的应力-应变曲线，其中矩形区的不同 pH 值不同环境下的应力-应变曲线放大如图 2-5（b）所示。与惰性介质（空气）相比，AZ31 镁合金在 NaCl 和 Na_2SO_4 溶液两种环境下的应力腐蚀敏感性很大，应力腐蚀性能严重恶化。腐蚀环境下没有明显的屈服现象，当承载应力达到一定极限时，镁合金试样会直接发生断裂失效。腐蚀介质下试样所能承载的应力要远远低于空气下的，加剧镁合金构件应用的危险性。随着 pH 值的增大，AZ31 镁合金应力腐蚀敏感性减小[27,28]。与 NaCl 相比，pH 值一定时，试样在 Na_2SO_4 溶液中的应力腐蚀敏感性略低。这与 Cl^- 和 SO_4^{2-} 的腐蚀性能有一定关系。

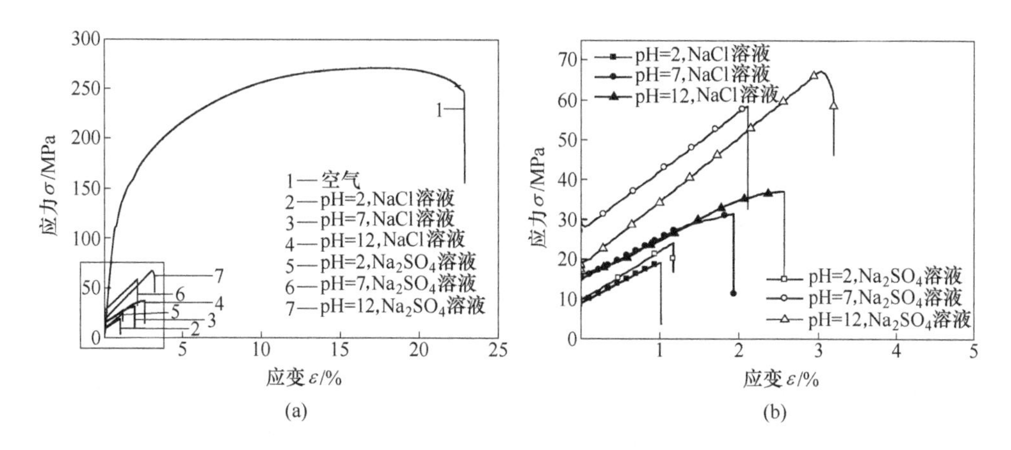

图 2-5　AZ31 镁合金在不同环境下的应力-应变曲线

为定量分析 AZ31 镁合金在不同环境下的应力腐蚀敏感性，常用 4 种参量表征（见图 2-6（a）、（b）、（c）和（d））：断裂时间（time-to-fracture，t_f）、断裂延伸率（elongation-to-fracture，ε_f）、断面收缩率（reduction of area，r_a）和断裂应力或称极限抗拉强度（ultimate tensile strength，σ_{UTS}）。其中断裂延伸率 ε_f 和断面收缩率 r_a 是衡量材料塑性损失的两个重要指标。

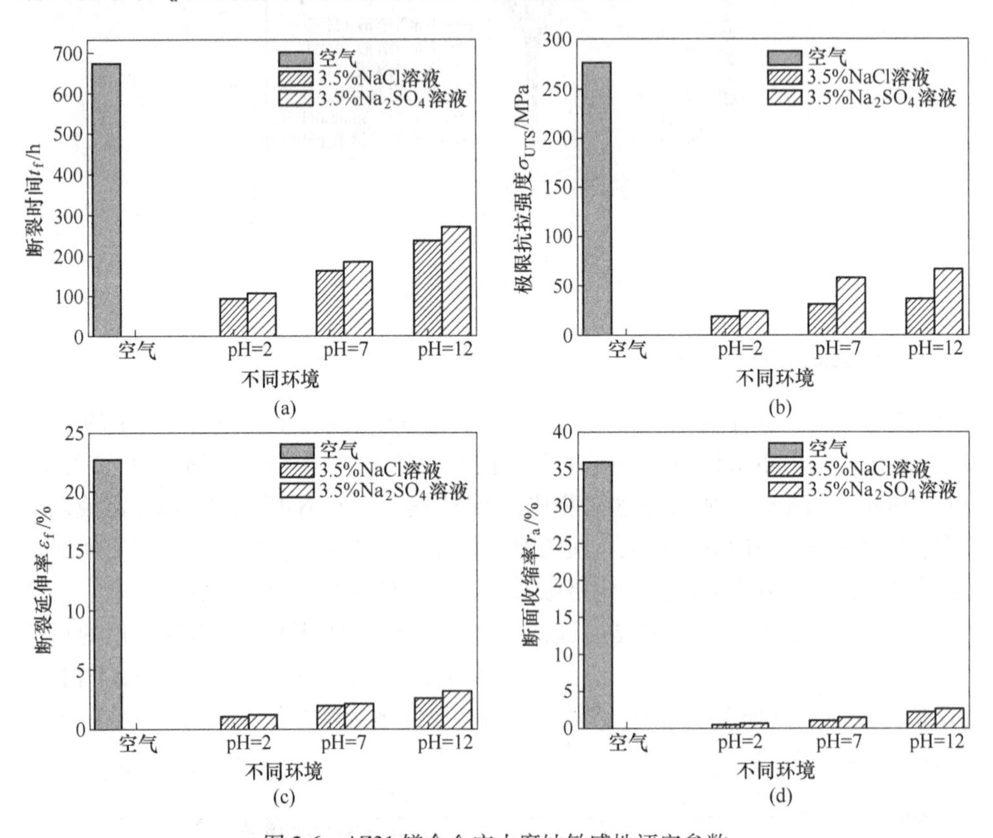

图 2-6　AZ31 镁合金应力腐蚀敏感性评定参数

（a）断裂时间（t_f）；（b）极限抗拉强度（σ_{UTS}）；（c）断裂延伸率（ε_f）；（d）断面收缩率（r_a）

与空气中相比，AZ31 镁合金在腐蚀环境中的断裂时间 t_f、断裂延伸率 ε_f、断面收缩率 r_a 和极限抗拉强度 σ_{UTS}均显著下降。例如，AZ31 镁合金在空气中的断裂时间为 676h，约 28. 16 天，将近一个月。而 pH = 7 时，AZ31 镁合金在 3. 5% NaCl 和 Na_2SO_4（质量分数）溶液中的断裂时间分别为 163. 01h（约 6. 79 天）和 186. 14h（约 7. 76 天），降幅达 76. 89% 和 72. 46%。再从极限抗拉强度 σ_{UTS} 分析，AZ31 镁合金在空气中的 σ_{UTS} 约 276. 23MPa，而在 pH = 7 的 3. 5% NaCl 和 Na_2SO_4（质量分数）溶液中的 σ_{UTS} 仅 31. 39MPa 和 58. 24MPa，降幅达 88. 64% 和 78. 92%。镁合金在 NaCl 和 Na_2SO_4 溶液中的应力腐蚀低应力脆断特征表现突出[27,28]。

两种腐蚀环境相比，相同 pH 值时，AZ31 镁合金在 Na_2SO_4 溶液中的 4 个参数均低于 NaCl 溶液中的，这说明 AZ31 镁合金在 Na_2SO_4 溶液中的 SCC 敏感性要稍低于 NaCl 中，这与 Cl^- 比 SO_4^{2-} 的腐蚀性强有关。同种腐蚀介质（NaCl 或 Na_2SO_4 溶液）中，pH 值越小，4 个参数 t_f、ε_f、r_a 和 σ_{UTS} 均随之下降，说明 AZ31 镁合金的应力腐蚀敏感性与周围环境的 pH 值有很大关系，pH 值降低，应力腐蚀敏感性增大。

2.3.4 试样侧面腐蚀形貌

不同 pH 值的 3.5% NaCl 和 Na_2SO_4（质量分数）溶液中慢拉伸实验后，AZ31 镁合金试样表面腐蚀形貌分别如图 2-7 和图 2-8 所示。三种 pH 值环境下试样宏观腐蚀形貌均内嵌于相应椭圆区放大微观腐蚀特征图中。

图 2-7 试样在不同 pH 值的 3.5% NaCl（质量分数）溶液中慢拉伸实验后的表面腐蚀形貌
(a) pH=2；(b) pH=7；(c) pH=12

由图 2-7 可以看出，在 3.5% NaCl（质量分数）溶液中，不同 pH 值的试样表面均覆盖厚厚一层腐蚀产物（如箭头所示），靠近断裂界面附近有大量微裂纹形成，这是镁合金应力腐蚀过程中不可逆氢导致塑性损伤的重要特征[34]。

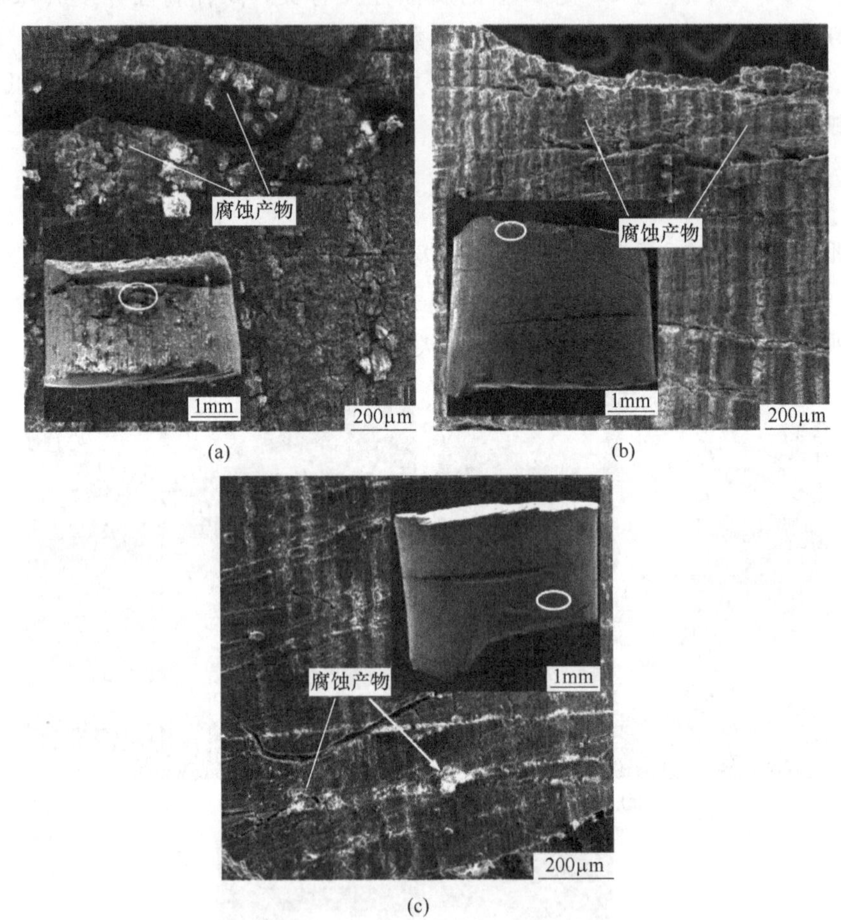

图 2-8　试样在不同 pH 值的 3.5% Na_2SO_4（质量分数）溶液中慢拉伸实验后的表面腐蚀形貌

(a) pH=2；(b) pH=7；(c) pH=12

相比之下，不同 pH 值的 3.5% Na_2SO_4（质量分数）溶液中慢拉伸实验后，AZ31 镁合金试样侧面同样出现了大量微裂纹，但腐蚀产物层不是很厚（见图 2-8 中箭头）。与 pH=2 相比，pH 值为 7 和 12 时的腐蚀产物层均较薄。这与 AZ31 镁合金随着 pH 值的增加，应力腐蚀敏感性减小的趋势一致。在 3.5% Na_2SO_4（质量分数）溶液中，可以从腐蚀产物层的厚度粗略地估计 AZ31 镁合金的应力腐蚀敏感性。

但是，结合电化学腐蚀性能，由于 Cl^- 的强腐蚀性，AZ31 镁合金一旦与

NaCl 溶液接触，发生腐蚀反应的程度要比 Na_2SO_4 溶液中剧烈得多，不同 pH 值环境下试样表面腐蚀产物均较厚，肉眼无法定量辨认。因此，表面较厚的腐蚀产物层并不一定能明显反应 AZ31 镁合金在不同 pH 值的 NaCl 溶液中的应力腐蚀敏感性。

2.3.5 试样的腐蚀类型

为进一步分析不同环境不同 pH 值对 AZ31 镁合金应力腐蚀行为的影响，需揭开腐蚀产物，详细观测镁合金在不同环境下的腐蚀轨迹。图 2-9 和图 2-10 所示分别为不同 pH 值的 3. 5% NaCl 和 Na_2SO_4（质量分数）溶液中慢拉伸实验后，试样去除腐蚀产物后的表面形貌。从图 2-9 可以看出，试样表面有大量点蚀坑（尤其是在 pH 值较低的环境下），在加载应力和腐蚀环境共同作用下，随着慢拉伸实验的进行，这些点蚀坑会不断聚集长大，进而合并成较大的腐蚀孔，如图中箭

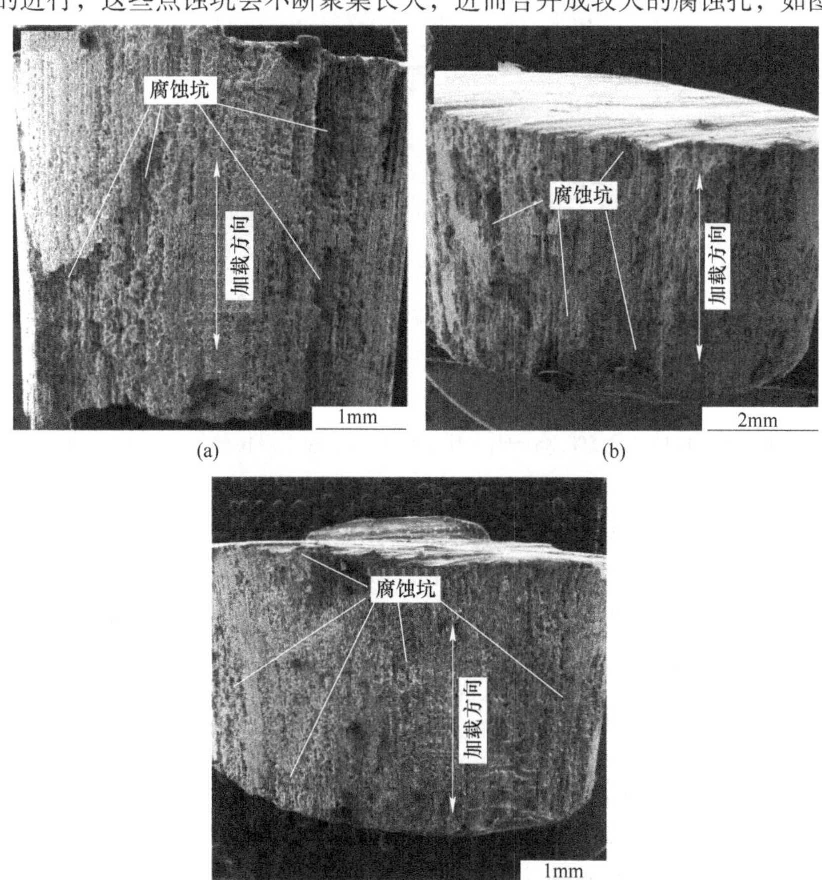

图 2-9 试样在不同 pH 值的 3. 5% NaCl（质量分数）溶液中慢拉伸实验后表面去除腐蚀产物形貌

（a）pH=2；（b）pH=7；（c）pH=12

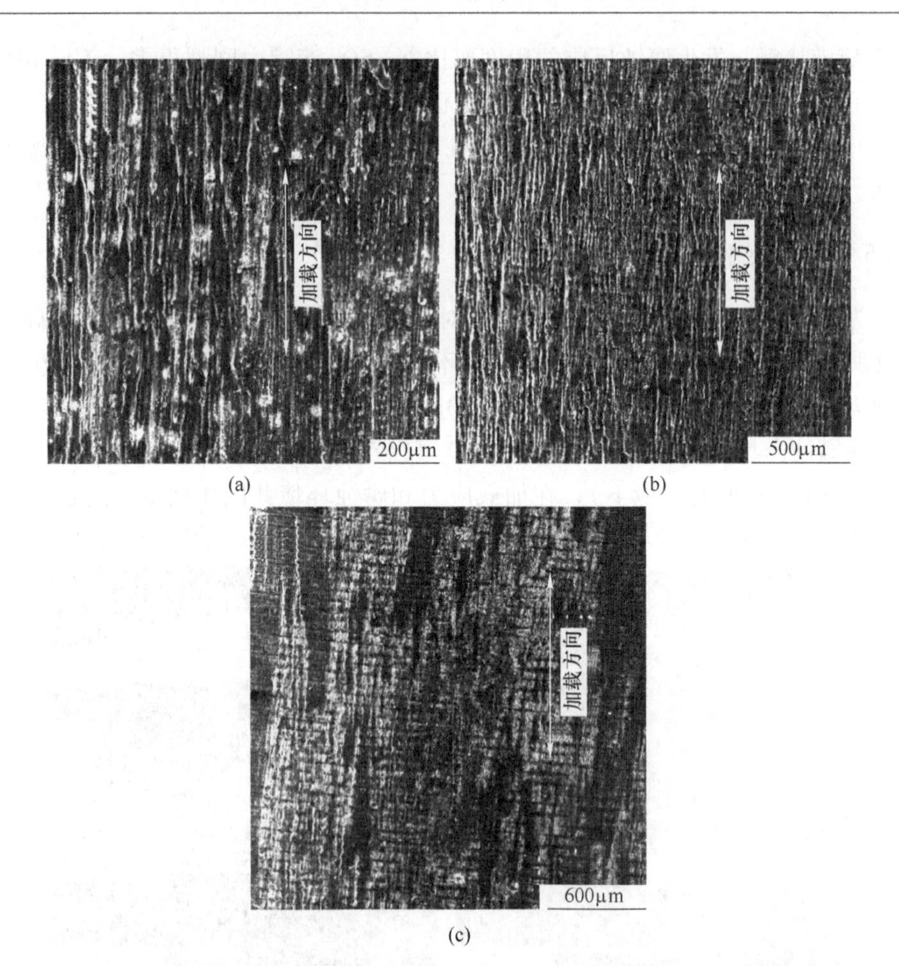

图 2-10　试样在不同 pH 值的 3.5% Na_2SO_4（质量分数）溶液中慢拉伸实验后表面去除腐蚀产物形貌

(a) pH=2；(b) pH=7；(c) pH=12

头所示。这些腐蚀孔是具有方向性的，它们沿试样长度方向发展，与加载方向平行。当某局部腐蚀孔长大到一定临界值，则会成为应力腐蚀开裂裂纹萌生源。pH 值越小，腐蚀反应越容易引发，腐蚀孔越容易形成长大，应力腐蚀开裂越容易发生。pH 值为 12 时，试样表面的腐蚀坑数量明显小于前两者，这是由于 pH 值增大，腐蚀环境中加速主要腐蚀产物 $Mg(OH)_2$ 溶解的 H^+ 数量减小，使得整个腐蚀反应减慢，腐蚀的总反应见式（1-6）。

相比之下，去除腐蚀产物后，AZ31 镁合金在不同 pH 值为 2，7 和 12 的 3.5% Na_2SO_4（质量分数）溶液中慢拉伸试样表面并没有大量的点蚀坑（见图 2-10），而是沿着加载方向形成大量的条状的腐蚀痕迹。随着慢拉伸实验的进行，试样的伸长量不断增大，不断有新鲜的金属表面暴露于腐蚀环境中，周围腐蚀液逐渐与新鲜表面发生腐蚀，从而形成条状腐蚀轨迹。这些腐蚀条状痕迹随着 pH

值的减小越来越密集，且腐蚀条间的凹槽越来越宽，与镁合金在不同 pH 值环境下的应力腐蚀敏感性保持一致。综上，在慢拉伸应变应力作用下，AZ31 镁合金在 3.5% Na_2SO_4(质量分数）溶液中的腐蚀反应要比在 3.5% NaCl（质量分数）溶液中剧烈得多[28]。在 3.5% Na_2SO_4（质量分数）溶液中腐蚀形貌，即条状的腐蚀痕迹，分布均匀，是均匀腐蚀的典型特征[35]。

与本书第 3 章在 3.5% NaCl 溶液（见图 3-5（c），pH = 7）和 Na_2SO_4 溶液（见图 3-6（c），pH = 7）中腐蚀疲劳实验后的腐蚀形貌特征相比，AZ31 镁合金在慢拉伸应力腐蚀实验后的腐蚀破坏（见图 2-9 和图 2-10）要比疲劳交变循环载荷作用下的严重，这些腐蚀特征同样具有方向性，沿着疲劳交变载荷方向。这表明，镁合金表面腐蚀形貌特征与加载载荷状态（如加载方向、幅值、时间等）有一定关系。与疲劳循环载荷相比，慢拉伸实验的加载载荷相对速率较慢且单调，加载时间较长。因此，慢拉伸应力作用下，试样伸长量相对较长，并不断被周围腐蚀环境腐蚀破坏，腐蚀形貌特征就越来越明显。

2.3.6 应力腐蚀开裂断口观察

将镁合金以相同应变速率拉伸后，其在空气中的断口如图 2-11 所示。由图 2-11（a）可以看出，试样断口表面凹凸不平，存在多处裂纹萌生源（见椭圆区），断口表面还有一些韧窝，这是韧性断裂的主要特征。图 2-11（b）和（c）所示分别为图 2-11（a）中 B 和 C 区的放大图，可以看出有大量夹杂物存在。图 2-11（d）所示为图 2-11（a）中 D 区的放大图，除了韧窝，还有大量微小的、不清晰的小解理面（又被称为准解理面），在其周围有许多白色网状撕裂棱，它们是由于不在一个平面上的断裂面相交时，受剪切应力拉断形成的塑性面，这些是准解理断裂的重要特征。综上分析可知，AZ31 镁合金在空气环境下经慢拉伸实验后形成混合断口。

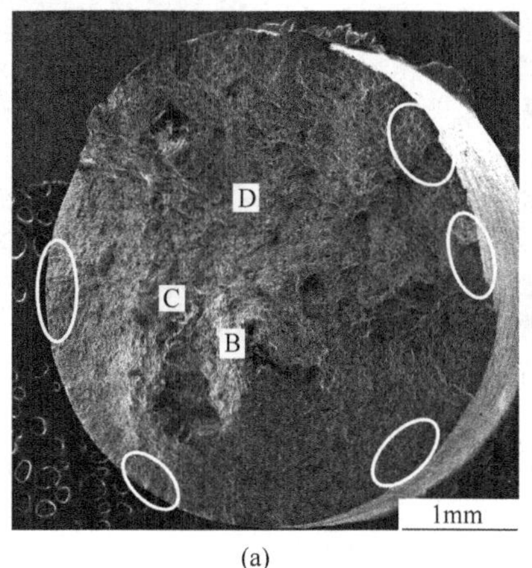

(a)

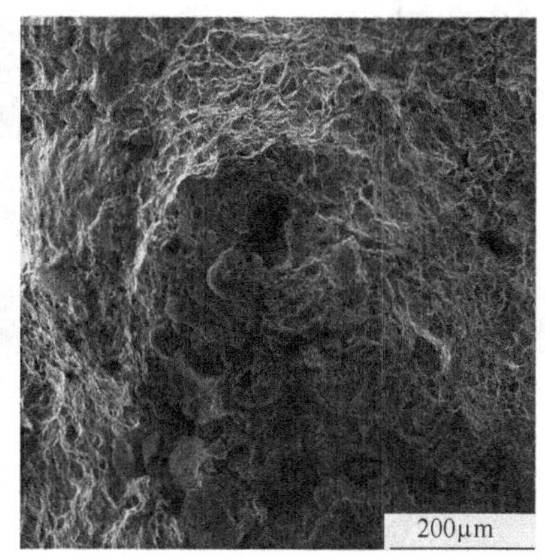

(b)

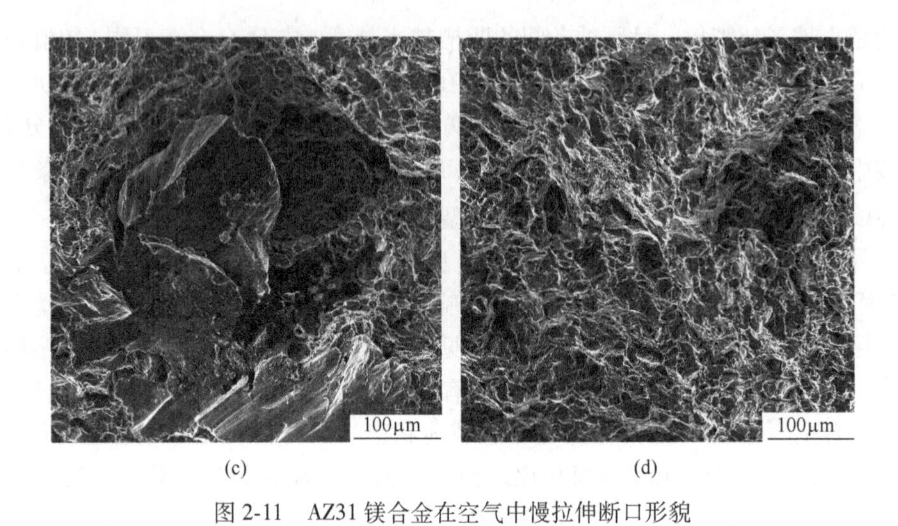

图 2-11　AZ31 镁合金在空气中慢拉伸断口形貌

（a）整体宏观形貌；（b）（c）（d）分别为图（a）中 B、C、D 区放大图

图 2-12 所示为 AZ31 镁合金试样在不同 pH 值的 NaCl 溶液中的慢拉伸实验断

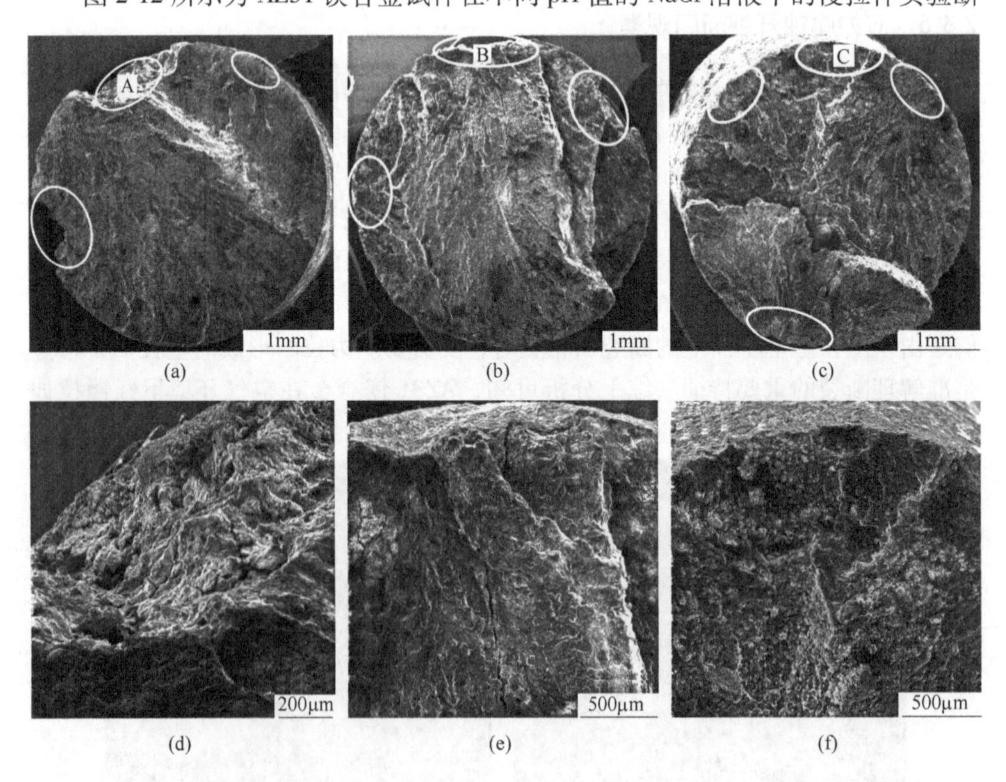

图 2-12　试样在不同 pH 值的 3.5% NaCl（质量分数）溶液中慢拉伸实验后的断口形貌

（a）pH=2；（b）pH=7；（c）pH=12；（d）图（a）中 A 区放大图；

（e）图（b）中 B 区放大图；（f）图（c）中 C 区放大图

口。图 2-12（a）~（c）所示分别为棒状试样在不同 pH 值条件下的整体断口形貌，与空气中对比发现，试样表面并没有韧窝出现，而是有大量的解理台阶和二次裂纹，还出现河流花样形貌，这些是解理断裂的主要特征。此外，根据断口表面裂纹走势，还可以看出裂纹萌生于断口边缘，而且裂纹萌生源并不止一处，而是多处（见图中椭圆区），这与腐蚀疲劳断口不同[36]。pH 值为 2 和 7 时，试样断口边缘有几处尺寸较大、内壁凹凸不平的腐蚀坑，这些成为最初始的裂纹萌生位置。pH 值为 12 时，腐蚀坑的尺寸及数量减小，在相同的较低 SEM 倍数下不易观察到。分别取图 2-12（a）~（c）中的裂纹萌生源 A、B、C 区进行放大，分别如图 2-12（d）~（f）所示。裂纹萌生源被大量的腐蚀产物覆盖，pH 值为 2 时，萌生源的腐蚀坑尺寸最大，pH 值为 7 次之，pH 值为 12 时，试样边缘的腐蚀坑尺寸非常小，这与碱性条件下，腐蚀反应较慢有关。

图 2-13 所示为 AZ31 镁合金试样在不同 pH 值的 Na_2SO_4 溶液中的慢拉伸实验断口。图 2-13（a）~（c）所示分别为棒状试样在 pH 值为 2、7 和 12 条件下的整体断口形貌。如图中许多椭圆区所示，试样的应力腐蚀开裂裂纹萌生于多处。

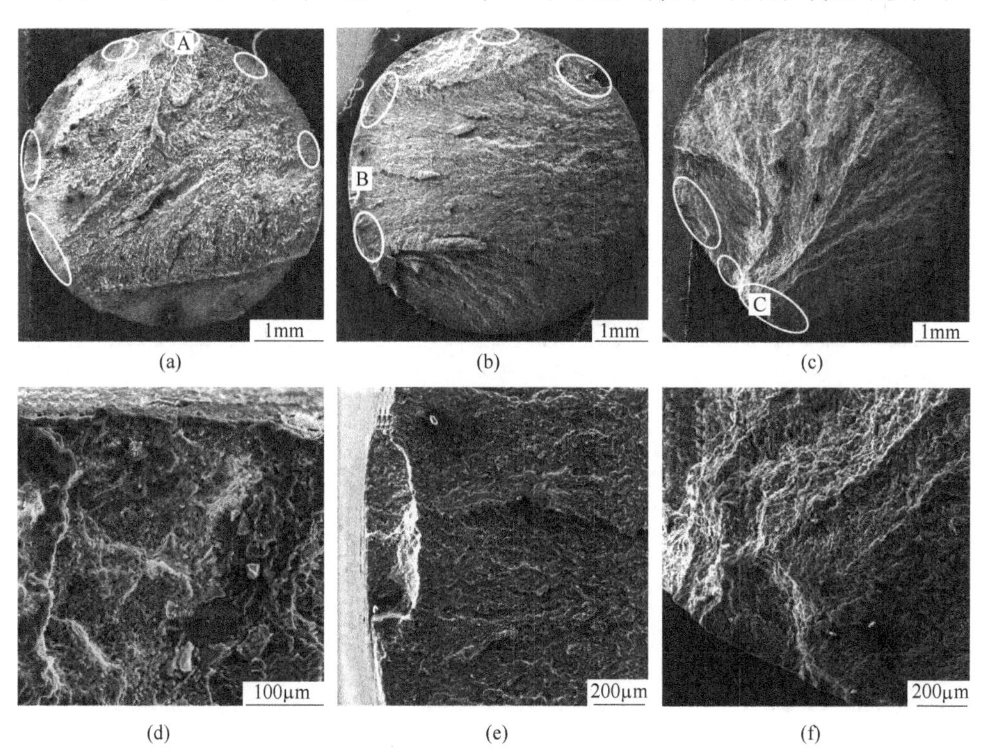

(a) (b) (c)
(d) (e) (f)

图 2-13　试样在不同 pH 值的 3.5% Na_2SO_4（质量分数）溶液中慢拉伸实验后的断口形貌

（a）pH=2；（b）pH=7；（c）pH=12；（d）图（a）中 A 区放大图；（e）图（b）中 B 区放大图；（f）图（c）中 C 区放大图

与空气中断口相比，没有韧窝特征，有少量夹杂物。与 NaCl 溶液相比，相同之处在于，断口表面大量二次裂纹、河流花样形貌。不同之处在于，断口表面腐蚀产物层不是很厚。为进一步分析，分别对 A、B 和 C 区进行放大（见图 2-13（d）~（f））。可以看出，pH 值为 2 时，萌生区断口表面还是有一定的腐蚀产物，还有一些小台阶，但是试样边缘并不像 NaCl 溶液中有腐蚀坑的出现。pH 值为 7 和 12 时（见图 2-13（e）和（f）），几乎看不到腐蚀产物，裂纹萌生源边缘出现一些台阶且较高，但其内壁和边缘较光滑，说明受腐蚀液的影响较小，主要是材质和承载共同造成的。

图 2-14 所示为试样在不同 pH 值不同腐蚀环境下慢拉伸断裂特征。图 2-14（a）~（c）所示分别为 pH 值为 2、7 和 12 时的 3.5% NaCl（质量分数）溶液条件下的断口裂纹扩展特征图。图 2-14（d）~（f）所示分别为 pH 值为 2、7 和 12 时的 3.5% Na_2SO_4（质量分数）溶液条件下的断口裂纹扩展特征图。可以明显观察出，与 NaCl 溶液相比，Na_2SO_4 溶液中，试样表面几乎没有腐蚀产物覆盖。但两种环境下断裂形貌中均有许多二次裂纹和层片状结构，如图 2-14 所示，

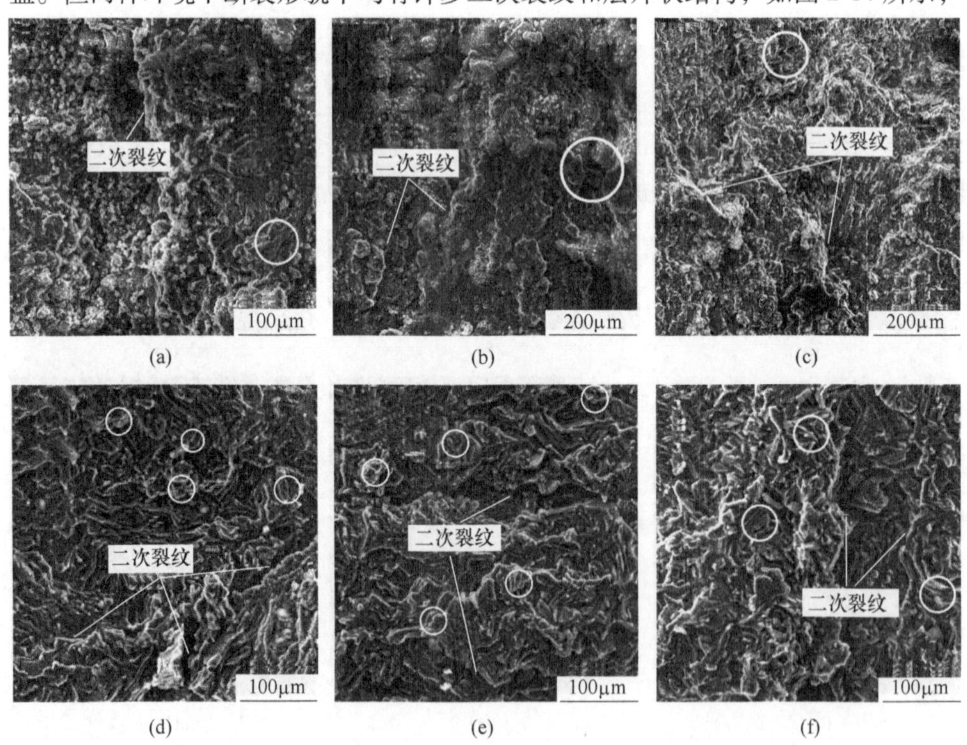

图 2-14　试样在不同 pH 值不同环境下慢拉伸断裂特征

（a）~（c）分别为 NaCl 溶液中 pH 值为 2、7 和 12 断裂特征；（d）~（f）分别为 Na_2SO_4 溶液中 pH 值为 2、7 和 12 断裂特征

是解理断裂的主要特征。可以推测出，不同 pH 值不同腐蚀介质不会改变 AZ31 镁合金应力腐蚀开裂裂纹扩展特征。但是在空气（惰性环境）下，断口表面有韧窝存在（见图 2-11（a）），试样呈准解理断裂，也可以称为混合断口[8]。AZ31 镁合金在空气和腐蚀介质下的试样断裂类型的转变是由于氢脆的作用，这一过程将在下文详细讨论。类似现象与文献［37~39］中的描述一致。

2.4 讨论

2.4.1 不同 pH 值对氢含量的影响

一方面，根据上述实验结果，氢脆是 AZ31 镁合金应力腐蚀开裂的重要因素，氢的含量及分布对氢脆有重要影响[40~42]。另一方面，镁合金化学性质活泼，一旦与周围液体接触（或者当周围环境的湿度达到一定条件）极易发生化学反应。根据基本反应方程式（1-4）~式（1-6）可知，氢气是镁合金腐蚀反应的伴生产物，对镁合金应力腐蚀性能有重要影响。因此，要探究 pH 值对 AZ31 镁合金的影响，从探讨 pH 值对氢含量的影响是个不错的突破口。

根据镁合金腐蚀反应基本方程式，除了周围环境的影响，阴极析氢反应（见式（1-5））是氢的主要来源。一定腐蚀介质（NaCl 或 Na_2SO_4 溶液）下，pH 值减小，溶液酸性增大，H^+ 浓度增大，H^+ 可以与 $Mg(OH)_2$ 发生反应形成可溶性 $MgCl_2$，从而增大作为镁合金主要腐蚀产物 $Mg(OH)_2$ 的可溶性，破坏钝化膜的稳定性[30]，促进腐蚀反应（见式（1-6））的发生。也就是说，氢有助于增大镁合金的腐蚀速度并降低其钝化能力。在外加拉伸应力和腐蚀缺陷的共同作用下，很容易在 AZ31 镁合金表面形成应力腐蚀开裂裂纹。一旦裂纹萌生，不断有新鲜的镁合金表面裸露于周围腐蚀环境中发生腐蚀反应，再次钝化。在周围酸性条件作用下，钝化膜的稳定性反复被破坏——溶解、撕裂，使裂纹不断向前推进扩展直至试样失效。由式（1-6）可知，阴极析氢过程与镁合金腐蚀反应是相伴相生的，腐蚀反应的不断发生，使溶液和金属内部的氢含量不断增加。

氢的存在形态主要有氢原子、氢离子、氢气及氢化物。氢原子是氢在金属内部存在和扩散最危险的形态之一。氢的原子半径非常小（仅 1.046 nm），主要分布于金属材料内部的晶格间隙中，形成畸变能。当氢原子处在间隙最大处时，产生的畸变能最小，影响不大。具有密排六方晶格结构的镁合金八面体间隙是氢原子的主要存在位置，当氢原子结合成氢分子时，金属内部氢气压不断增大，极易引发晶格畸变。氢原子还可以与金属原子形成化学键，从而降低整个金属材料体系的能量，这种能量有时也可以抵消一部分畸变能。氢原子在金属内部以何种形式存在是这两种能量相互作用的结果。镁固溶体中的氢原子可以加速镁合金的氢脆和解理断裂[43]。氢离子可以加速腐蚀产物的溶解和腐蚀反应的发生。随着腐蚀反应的发生，不断有氢气泡向外逸出，残留的部分氢气对金属应力腐蚀性能来说非常危险。氢化物通常在试样与腐蚀介质接触表面作为表面膜的角色[44]，在H^+的作用下，镁合金腐蚀过程中形成的氢化物的稳定性会随着 pH 值的降低而降低。与前文中 AZ31 镁合金应力腐蚀敏感性随着 pH 值增大而减小一致。

2.4.2 氢对应力腐蚀性能的影响

由上分析得出，裂纹尖端的酸化现象为氢的析出提供了热力学可能性。而外加载荷的作用可以影响氢的扩散和裂纹萌生的动力学过程。

在外加应力的作用下，内部氢会随着运错运动不断向位错堆积缺陷和可激活滑移系处扩散、富集，直至裂纹萌生。接着在周围应力场和腐蚀环境的作用下，氢不断向裂纹尖端扩散富集，当合金材料中的固溶氢达到饱和时，氢原子结合成氢分子，从而在材料内部形成内压（氢压）。在一定实验条件下，合金材料中固溶氢浓度 c_H与周围氢压 p 之间的关系如下（S 为常数）：

$$c_H = S\sqrt{p} \tag{2-1}$$

可以看出，随着材料中固溶氢浓度 c_H的增大，内部的氢压会越来越大。反之亦然，氢压越大，材料内部固溶氢浓度越大。当 c_H到达一定临界值，p 足够高时，则在材料内部形成氢鼓泡、微裂纹等不可逆氢损伤。这些缺陷极易形成应力集中，在外加应力、腐蚀环境和内部氢压的作用下，裂纹不断向前扩展，最终使材料在较低的应力下发生脆断，在这一过程中氢的作用至关重要，又称为氢脆。

周围环境 pH 值越小，H^+浓度越大，伴随腐蚀反应产生的氢含量越多，材料内部固溶氢浓度 c_H越大，越容易达到足够高的氢压，产生不可逆氢损伤缺陷，形成氢脆。这与文献［45］描述的结果相互吻合，AZ31 镁合金的裂纹扩展速率是随着氢含量的增加而增大的。氢浓度的提高可以加剧合金材料发生解理断裂[46,47]。这也正是 AZ31 镁合金在空气和腐蚀环境（NaCl 和 Na_2SO_4 溶液）下断裂类型发生转变的原因。

综上，随着 pH 值的减小，氢含量逐渐增多，氢压极易增大，进一步加剧了 AZ31 镁合金应力腐蚀的敏感性和危险性。

2.4.3 Cl^-和 SO_4^{2-}对 AZ31 镁合金应力腐蚀行为的影响

作为常见的侵蚀性较强的离子，Cl^-和 SO_4^{2-}既有对材料破坏性强的共同特点，又具有不同的腐蚀机理。Cl^-由于半径小、穿透力强，很容易在镁合金表面发生点蚀（见图 2-9），在外加应力的作用下，这些点蚀不断聚集长大，成为最佳的裂纹萌生源。相比之下，SO_4^{2-}在镁合金表面的吸附能力较弱，穿透力也没有 Cl^-强，不会在镁合金表面形成点蚀（见图 2-10）。但是其具有很高的迁移率，在周围腐蚀环境中分布较均匀，在 AZ31 镁合金表面极易发生全面腐蚀，危险性比点蚀稍低。与 Cl^- 相比，SO_4^{2-} 的侵蚀性较弱[48]，这与电化学和应力腐蚀实验结果吻合。

镁合金化学性质活泼，一旦与周围腐蚀溶液接触便会发生腐蚀反应，在AZ31镁合金表面形成一层腐蚀产物，并可以作为钝化膜保护基体，但是镁合金表面腐蚀产物的显微结构是多孔的不致密的[49]。外加应力、Cl^- 和 SO_4^{2-} 的共同作用，使表面钝化膜很容易被破坏，加速腐蚀，并不能减弱AZ31镁合金在NaCl和 Na_2SO_4 溶液中的应力腐蚀敏感性。

但是，不同pH值的NaCl和 Na_2SO_4 溶液中，AZ31镁合金的应力腐蚀敏感性不同，这是因为根据镁合金的Pourbaix图，表面腐蚀产物在一定pH值下是稳定的（pH>9[50]或者pH>11[51]）。这正解释了AZ31镁合金应力腐蚀敏感性在pH值为2、7、12时依次降低。随着pH值的增大，OH^- 浓度增大，一定程度上保持了主要腐蚀产物 $Mg(OH)_2$ 稳定性，减缓或抑制了腐蚀反应（见式（1-6））的发生。

另外，从断口形貌分析，NaCl和 Na_2SO_4 溶液中镁合金断口表面不再有韧窝特征出现，这点与空气中不同。这主要是由于随着裂纹的萌生，NaCl和 Na_2SO_4 溶液不断向试样内部扩散，推动裂纹不断扩展，直至试样失效。这一过程的加快，使得原本韧性就不是很好的镁合金的韧窝等特征更加没有机会展现，脆性断裂特征更显著。

2.5 小结

（1）与空气相比，AZ31镁合金在3.5% NaCl和 Na_2SO_4（质量分数）溶液中的断裂时间 t_f、断裂延伸率 ε_f、断面收缩率 r_a 和极限抗拉强度 σ_{UTS} 严重恶化，应力腐蚀敏感性显著增大。

（2）同种腐蚀溶液（NaCl或 Na_2SO_4 溶液）中，应力腐蚀4个参量（t_f、ε_f、r_a 和 σ_{UTS}）均随着pH值的下降而减小，即AZ31镁合金的应力腐蚀敏感性随着pH值降低而增大。pH值一定时，AZ31在NaCl溶液中的 t_f、ε_f、r_a 和 σ_{UTS} 始终低于 Na_2SO_4 溶液中的。这是因为 Cl^- 的侵蚀性强于 SO_4^{2-}。此时，AZ31镁合金对NaCl溶液的应力腐蚀敏感性要高于 Na_2SO_4 溶液。

（3）pH值降低，使周围环境 H^+ 浓度增大，增大腐蚀产物可溶性，促进腐蚀反应的发生，增加氢含量，增大内压，在外加应力的作用下可以促进氢脆的发生，增大了AZ31镁合金的应力腐蚀开裂危险性。裂纹尖端的酸化现象为阴极析氢过程提供了热力学可能性，外加载荷成为氢扩散富集和应力腐蚀裂纹萌生的驱动力。

（4）AZ31镁合金在空气下的应力腐蚀开裂断口为含韧窝和微小解理面的混合断口。但在腐蚀环境（NaCl和 Na_2SO_4 溶液）下，断口表面不存在韧窝，而是有大量二次裂纹、解理台阶和河流花样，是典型的解理断裂。pH 值不能改变断裂类型，但是酸性条件（pH 值减小）有助于裂纹扩展和解理断裂的发生。

参 考 文 献

[1] Rudd A L, Breslin C B, Mansfeld F. The corrosion protection afforded by rare earth conversion coatings applied to magnesium [J]. Corrosion Science, 2000, 42 (2): 275~288.

[2] Mordike B L, Ebert T. Magnesium properties-applications-potential [J]. Materials Science and Engineering A, 2001, 302 (1): 37~45.

[3] Kojima Y. Platform science and technology for advanced magnesium alloys [J]. Materials Science Forum, 2000, 350-351: 3~18.

[4] 李轶，程培元，华林．镁合金在汽车工业和 3C 产品中的应用 [J]．江西有色金属．2007, 21 (2): 30~33, 56.

[5] Winzer N, Atrens A, Song G, et al. A critical review of the stress corrosion cracking (SCC) of magnesium alloys [J]. Advanced Engineering Materials, 2005, 7: 659~693.

[6] Kannan M B, Dietzel W, Raman R K S, et al. Hydrogen-induced-cracking in magnesium alloy under cathodic polarization [J]. Scripta Materialia, 2007, 57: 579~581.

[7] Choudhary L, Singh Raman R K. Mechanical integrity of magnesium alloys in a physiological environment: Slow strain rate testing based study [J]. Engineering Fracture Mechanics, 2013, 103: 94~102.

[8] Padekar B S, Singh Raman R K, Raja V S, et al. Stress corrosion cracking of a recent rare-earth containing magnesium alloy, EV31A, and a common Al-containing alloy, AZ91E [J]. Corrosion Science, 2013, 71: 1~9.

[9] Padekar B S, Raja V S, Singh Raman R K. Stress corrosion cracking of a wrought Mg-Mn alloy under plane strain and plane stress conditions [J]. Engineering Fracture Mechanics, 2013, 102: 180~193.

[10] Winzer N, Atrens A, Dietzel W, et al. Characterisation of stress corrosion cracking (SCC) of Mg-Al alloys [J]. Materials Science and Engineering A, 2008, 488: 339~351.

[11] Unigovski Y, Gutman E M, Koren Z, et al. Effect of processing on stress-corrosion behavior of die-cast Mg-Al alloy [J], Journal of Materials Processing Technology, 2008, 208: 398~399.

[12] Chen J, Wang J Q, Han E H, et al. Effect of hydrogen on stress corrosion cracking of magnesium alloy in 0. 1mol/L Na_2SO_4 solution [J]. Materials Science and Engineering A, 2008, 488: 428~434.

[13] Uematsu Y, Kakiuchi T, Nakajima M. Stress corrosion cracking behavior of the wrought magnesium alloy AZ31 under controlled cathodic potentials [J]. Materials Science and Engineering A,

2012, 531: 171~177.

[14] Chen J, Ai M, Wang J Q, et al. Stress corrosion cracking behaviors of AZ91 magnesium alloy in deicer solutions using constant load [J]. Materials Science and Engineering A, 2009, 515: 79~84.

[15] Bobby K M, Dietzel W. Pitting-induced hydrogen embrittlement of magnesium-aluminium alloy [J]. Materials and Design, 2012, 42: 321~326.

[16] Song R G, Blawert C, Dietzel W, et al. A study on stress corrosion cracking and hydrogen embrittlement of AZ31 magnesium alloy [J]. Materials Science and Engineering A, 2005, 399: 308~317.

[17] Winzer N, Atrens A, Dietzel W, et al. Evaluation of the delayed hydride cracking mechanism for transgranular stress corrosion cracking of magnesium alloys [J]. Materials Science and Engineering A, 2007, 466: 18~31.

[18] Winzer N, Atrens A, Dietzel W, et al. Stress corrosion cracking (SCC) in Mg-Al alloys studied using compact specimens [J]. Advanced Engineering Materials, 2008, 10: 453~458.

[19] Winzer N, Atrens A, Dietzel W, et al. Comparison of the linearly increasing stress test and the constant extension rate test in the evaluation of transgranular stress corrosion cracking of magnesium [J]. Materials Science and Engineering A, 2008, 472: 97~106.

[20] Lokesh C, Jeremy S, Robert G, Singh Raman R K, Investigations into stress corrosion cracking behaviour of AZ91D magnesium alloy in physiological environment [J]. Procedia Engineering, 2011, 10: 518~523.

[21] Uematsu Y, Kakiuchi T, Nakajima M. Hydrogen embrittlement type stress corrosion cracking behavior of wrought magnesium alloy AZ31 [J]. Procedia Engineering, 2011, 10: 578~582.

[22] Zhao M C, Liu M, Song G L, et al. Influence of pH and chloride ion concentration on the corrosion of Mg alloy ZE41 [J]. Corrosion Science, 2008, 50: 3168~3178.

[23] Ambat R, Aung N N, Zhou W. Studies on the influence of chloride ion and pH on the corrosion and electrochemical behaviour of AZ91D magnesium alloy [J]. Journal of Applied Electrochemistry, 2000, 30: 865~874.

[24] Altun H, Sen S. Studies on the influence of chloride ion concentration and pH on the corrosion and electrochemical behaviour of AZ63 magnesium alloy [J]. Materials and Design, 2004, 25: 637~643.

[25] 黄发，陈健，王俭秋．铸造 AZ91 镁合金在 CO_3^{2-}/HCO_3^- 体系中的应力腐蚀行为 [J]. 中国腐蚀与防护学报，2010，30 (5)：347~353.

[26] 李海宏，陈体军，郝远，等．pH 值对触变成形和金属型铸造 AZ91D 镁合金试样应力腐蚀行为的影响 [J]. 铸造，2006，55 (8)：835~838.

[27] He X L, Yan Z F, Liang H Y, et al. Study on corrosion and stress corrosion cracking behaviors of AZ31 alloy in sodium sulfate solution [J]. Journal of Materials Engineering and Performance, 2017, 26 (5): 2226~2236.

[28] 朱立文，贺秀丽，卫英慧，等．镁合金 AZ31B 在不同 pH 值 NaCl 溶液中的应力腐蚀行

为研究 [J]. 稀有金属材料与工程, 2015, 44 (10): 2481~2485.

[29] Gravier J, Vignal V, Bissey-Breton S. Influence of residual stress, surface roughness and crystallographic texture induced by machining on the corrosion behaviour of copper in salt-fog atmosphere [J]. Corrosion Science, 2012, 61: 162~170.

[30] Lee S M, Lee W G, Kim Y H. Surface roughness and the corrosion resistance of 21Cr ferritic stainless steel [J]. Corrosion Science, 2012, 63: 404~409.

[31] Khun N W, Frankel G S. Effects of surface roughness, texture and polymer degradation on cathodic delamination of epoxy coated steel samples [J]. Corrosion Science, 2013, 67: 152~160.

[32] Kentish P. Stress corrosion cracking of gas pipelines Effect of surface roughness, orientations and flattening [J]. Corrosion Science, 2007, 49: 2521~2533.

[33] Alvarez R B, Martin H J, Horstemeyer M F, et al. Corrosion relationships as a function of time and surface roughness on a structural AE44 magnesium alloy [J]. Corrosion Science, 2010, 52: 1635~1648.

[34] 张丁非, 戴庆伟, 胡耀波, 等. 塑性损伤的发展与应用 [J]. 材料工程, 2011, 1: 92~98.

[35] Tian Y, Yang L J, Li Y F, et al. Murakami, corrosion behaviour of Die-Cast AZ91D magnesium alloys in sodium sulphate solutions with different pH values [J]. Transactions Nonferrous Metals Society of China, 2011, 21: 912~920.

[36] He X L, Wei Y H, Hou L F, et al. High-frequency corrosion fatigue behavior of AZ31 magnesium alloy in different environments [J]. Proceedings of the Institution of Mechanical Engineers, Part C: Journal of Mechanical Engineering Science, 2014, 228 (10): 1645~1657.

[37] Ishihara S, Nan Z Y, Namito T, et al. On electrochemical polarization curve and corrosion fatigue resistance of the AZ31 magnesium alloy [J]. Key Engineering Materials, 2010, 452: 321~324.

[38] Pardo A, Merino M C, Coy A E, et al. Corrosion behaviour of magnesium/aluminium alloys in 3.5% NaCl [J]. Corrosion Science, 2008, 50: 823~834.

[39] Marya M, Hector L, Verma R, et al. Microstructural effects of AZ31 magnesium alloy on its tensile deformation and failure behaviours [J]. Materials Science and Engineering A, 2006, 418: 341~356.

[40] Vu A Q, Vuillemin B, Oltra R, et al. Cut-edge corrosion of a Zn-55Al-coated steel: A comparison between sulphate and chloride solutions [J]. Corrosion Science, 2011, 53: 3016~3025.

[41] Vu A Q, Vuillemin B, Oltra R, et al. In situ investigation of sacrificial behaviour of hot dipped AlSi coating in sulphate and chloride solutions [J]. Corrosion Science, 2013, 70: 112~118.

[42] Wang L, Shinohara T, Zhang B P. Electrochemical behaviour of AZ61 magnesium alloy in dilute NaCl solutions [J]. Materials and Design, 2012, 33: 345~349.

[43] Abd El H S M, Abd El W S, Bahgat A. Environmental factors affecting the corrosion behaviour of reinforcing steel. V. Role of chloride and sulphate ions in the corrosion of reinforcing steel in saturated $Ca(OH)_2$ solutions [J]. Corrosion Science, 2013, 75: 1~15.

[44] 梁博，张早校．金属氢化物应用最新研究进展［J］．当代化工，2003，32（4）：224~228.

[45] Nickchi T, Alfantazi A. Electrochemical corrosion behaviour of Incoloy 800 in sulphate solutions containing hydrogen peroxide [J]. Corrosion Science, 2010, 52: 4035~4045.

[46] Li L F, Caenen P, Jiang M F. Electrolytic pickling of the oxide layer on hot-rolled 304 stainless steel in sodium sulphate [J]. Corrosion Science, 2008, 50: 2824~2830.

[47] Cuevas-Arteaga C. Corrosion study of HK-40m alloy exposed to molten sulfate/vanadate mixtures using the electrochemical noise technique [J]. Corrosion Science, 2008, 50: 650~663.

[48] Kuczynska-Wydorska M, Flis J. Corrosion and passivation of low-temperature nitrided AISI 304L and 316L stainless steels in acidified sodium sulphate solution [J]. Corrosion Science, 2008, 50: 523~533.

[49] Baril G, Pébère N. The corrosion of pure magnesium in aerated and deaerated sodium sulphate solutions [J]. Corrosion Science, 2001, 43: 471~484.

[50] Belton D J, Sullivan E A, Molter M J. Moisture transport phenomena in epoxies for microelectronics applications [C]. Polymeric Materials for Electronics Packaging and Interconnection. ACS Symposium Series 407, Am. Chem. Soc., Washington, DC, 1989: 286.

[51] Dusek K. Advances in Polymer Science [M]//Epoxy and Composite Ⅱ. New York: Springer, 1986.

3 AZ31 镁合金在不同环境中的腐蚀疲劳行为

3.1 概述

疲劳性能是材料常见动态力学性能之一。作为目前工程结构应用的最广泛金属材料，镁合金疲劳性能的研究一直备受人们的关注。交变载荷作用加之工程结构件服役环境复杂，如船舶需服役于海洋、汽车车身要适应各种大气环境、发动机气缸等需要适应油环境，无疑进一步增加了镁合金构件未来推广应用的难度。

不同环境下的疲劳性能可称为腐蚀疲劳（corrosion fatigue，CF）性能。目前，镁合金已开展了一些低频腐蚀疲劳性能的研究。中科院研究者[1~5]在加载频率 $f=10$Hz，应力比 $r=-1$ 参数下，研究了 AZ80、AM60、AZ31 镁合金在 NaCl 溶液中的腐蚀疲劳性能，与空气中相比，镁合金在腐蚀环境下的裂纹主要萌生于点蚀，可以根据试样服役过程中表面形貌的变化及声发射（AE）弹性波分析镁合金腐蚀疲劳性能。不同成型态（铸造、挤压、轧制等）对镁合金腐蚀疲劳性能也有一定影响[6~11]，由于不同成型态材料的耐蚀性能不同。镁合金的腐蚀性能与腐蚀疲劳性能虽然有一定关系，但是两者并不是完全一致的。腐蚀环境作用形式不同镁合金（AZ31 和 AZ61）的腐蚀疲劳性能不同：NaCl 盐雾[12,13]和 NaCl 溶液[14~16]环境，表明全浸比盐雾环境要恶劣得多。此外，Eliezer 等人[17]对比分析了传动油和自然矿物油环境下，AZ91 和 AM50 两种合金的腐蚀疲劳性能，前一种环境对镁合金腐蚀疲劳性能的影响要大于后者。

综合分析，当前镁合金腐蚀疲劳性能的研究有一些共同特点：（1）主要集中于低频（不大于 30Hz）；（2）腐蚀疲劳环境主要有高低湿度、去离子水、浓度约 3%的 NaCl 溶液等。还未发现有关镁合金高频腐蚀疲劳性能的研究。因此，本章主要研究了 AZ31 镁合金在高频疲劳载荷作用及三种不同的典型腐蚀环境（NaCl 溶液、Na_2SO_4 溶液、传动油）中的腐蚀疲劳性能，并与空气中进行对比分析，以期增强镁合金高低频腐蚀疲劳机理，为后续镁合金腐蚀疲劳防护性能的系统研究和镁合金构件未来的安全可靠应用奠定了坚实基础[18]。

3.2 实验方法

3.2.1 实验材料及尺寸

实验材料为挤压 AZ31 镁合金，化学成分和力学性能分别见表 2-1 和表 2-2。试样加工处理过程与 2.2.1 节描述一致，具体形状尺寸见图 2-1，因为夹具尺寸不同，疲劳试样螺纹部分标记应为 M12×1.5。

实验环境包括：空气（相对湿度 35%，25℃）、3.5% NaCl（质量分数）溶液（模拟海水，pH=7±0.5）、3.5% Na_2SO_4（质量分数）溶液（考虑了大气中酸雨环境影响，pH=7±0.5）、齿轮油（API GL-4 SAE 75W-90，一种典型齿轮传动油）。鉴于第 2 章 pH 值对 AZ31 镁合金应力腐蚀性能的趋势性影响，为避免重复烦琐性，本书在后续章节均采用中性腐蚀液为实验环境。

3.2.2 电化学测试

极化曲线测试设备及试样尺寸见 2.2.2 节所述。腐蚀环境有 3.5% NaCl（质量分数）溶液（pH=7±0.5）、3.5% Na_2SO_4（质量分数）溶液（pH=7±0.5）和齿轮油。扫描速度为 1.0mV/s，前两者的扫描电位范围为-2.0~-0.5V，齿轮油中的为 0.2~2.0V。

3.2.3 腐蚀疲劳实验

疲劳实验采用电磁谐振 PLG-200D 型高频拉-压疲劳实验机，实验采用正弦波形，在室温、相对湿度约 35%条件下进行。加载频率 f=99.0~102.0Hz，应力比 r=0.1。实验过程中，试样的标距部分始终浸蚀在 250mL 的腐蚀环境中（见图 2-2）。为保持腐蚀环境的稳定性，实验过程中腐蚀介质每 8h 更换一次。每组疲劳实验需 8~10 个数据。以下两种情况时疲劳实验会自动停止：（1）试样断裂；（2）实验所承受的循环次数达到 1.0×10^7 次，本书规定此时试样所承受的疲劳载荷被认为是试样的疲劳极限 σ_{FL}。为对比分析，AZ31 镁合金在空气中的疲劳性能也进行了实验研究。

3.2.4 其他测试方法

用光学显微镜（MDS，Nikon）和透射电子显微镜 TEM（JEM-2010 型）观察 AZ31 镁合金显微组织形貌。试样表面粗糙度对材料的疲劳性能[19~21]和腐蚀性能[22~26]均有一定影响，为排除粗糙度的影响，试样经 800、1000、1200、1500、2000 号砂纸依次打磨处理后，疲劳实验前需用 TR240 便携式表面粗糙度仪测试其表面粗糙度。

利用 TEM 观察空气中 AZ31 镁合金疲劳实验前后塑性变形特征。采用 VEGA3SBH 型扫描电子显微镜（SEM）观察分析 AZ31 镁合金腐蚀疲劳实验后，试样去除腐蚀产物前后的表面形貌及不同环境下的腐蚀疲劳断口特征。去除腐蚀产物工艺为：在沸腾的 20% CrO_3 和 1% $AgNO_3$（质量分数）混合溶液中全浸约 3min，然后取出用去离子水冲洗干净，并吹干。

3.3　实验结果

3.3.1　显微组织分析

如 2.3.1 节所述，AZ31 镁合金显微组织呈等轴晶。疲劳试样表面粗糙度 R_a 范围为 0.090~0.095μm，差异属于测量仪误差范围内，可以忽略粗糙度对 AZ31 镁合金腐蚀疲劳性能的影响。

3.3.2　电化学性能分析

图 3-1 所示为 AZ31 镁合金在不同环境下的电化学极化曲线测试结果。可明显看出，AZ31 镁合金在齿轮油中的腐蚀电位远远高于在 NaCl 和 Na_2SO_4 中，而腐蚀电流密度远低于后两者，说明镁合金在齿轮油中有极好的耐蚀性能。再根据 Tafel 直线外推法，AZ31 镁合金在齿轮油、NaCl 和 Na_2SO_4 溶液中的腐蚀电位和腐蚀电流密度分别为：0.43V，$9.33\times10^{-9}A/cm^2$；-1.519V，$2.674\times10^{-4}A/cm^2$；-1.560V 和 $2.893\times10^{-5}A/cm^2$。AZ31 镁合金在齿轮油中的腐蚀电位要比其他两种高出近 2V，腐蚀电流密度低 4~5 个数量级。相比之下，AZ31 镁合金在 NaCl 和 Na_2SO_4 溶液中的腐蚀电位相近，但 Na_2SO_4 溶液中的腐蚀电流密度要比 NaCl 溶液中低一个数量级，说明 AZ31 在 Na_2SO_4 溶液中的耐蚀性能要稍优于 NaCl 溶液。

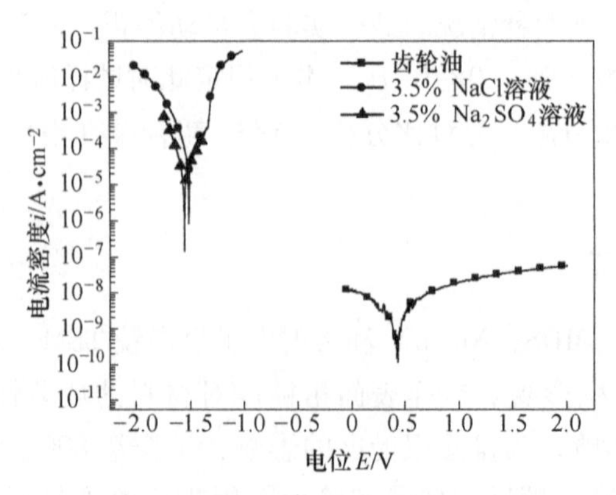

图 3-1　AZ31 镁合金在不同环境下的极化曲线

3.3.3 实验数据拟合分析

根据ISO 12107：2012及腐蚀疲劳实验结果，采用最小二乘法数据处理方式[27,28]，拟合AZ31镁合金在不同环境下的最大加载应力σ_{max}与循环次数N的关系曲线，S-N曲线如图3-2所示，相关参数见表3-1。相关系数R越接近1，表明数据拟合越具有较高的相关性。残余方差和RSS是各个数据点与回归直线残差的平方和，表示随机误差效应，一组数据的RSS越小，则说明数据离散程度越低，曲线拟合程度越好，实验数据越可靠。

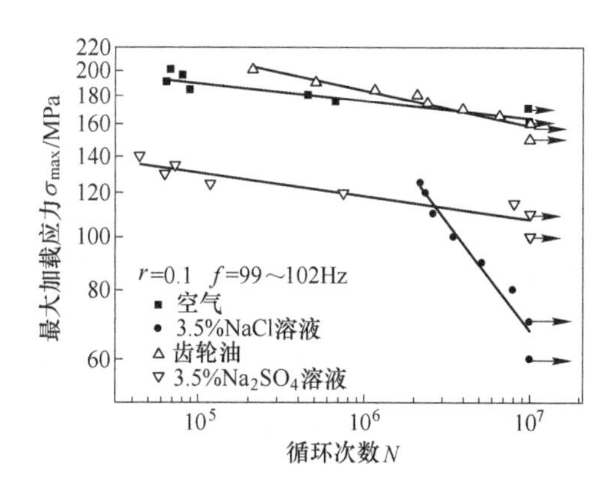

图3-2 AZ31镁合金在不同环境下的S-N曲线

表3-1 AZ31镁合金不同环境下腐蚀疲劳S-N曲线统计参数分析

不同环境	截距a	斜率b	相关系数R	残余方差和RSS
空气	2.43905	−0.03207	0.83884	0.00101
齿轮油	2.65485	−0.00650	0.91485	9.05775×10^{-4}
NaCl溶液	4.60648	−0.39688	0.94005	0.00466
Na_2SO_4溶液	2.32749	−0.04229	0.83026	0.00240

从S-N曲线可以看出，AZ31镁合金在空气中的疲劳性能最好，疲劳极限约为163.89MPa。齿轮油中的S-N曲线与空气中相近，腐蚀疲劳极限为158.12MPa，相差约5.77MPa，在误差范围内，说明AZ31镁合金在齿轮油中疲劳性能与空气中相近，受齿轮油的影响不大。但是NaCl和Na_2SO_4溶液中的S-N曲线明显低于空气和齿轮油中的，尤其是在NaCl溶液中，其S-N曲线斜率明显增大，表明AZ31镁合金疲劳性能对NaCl溶液的敏感性要高于Na_2SO_4溶液、齿轮油和空气。从腐蚀疲劳极限看，与空气中相比，AZ31镁合金在NaCl溶液和Na_2SO_4溶液中的腐蚀疲劳极限明显下降，分别为67.35MPa和107.51MPa，在

NaCl 溶液中的降幅达一半多。综上，AZ31 镁合金疲劳性能不断恶化的顺序是：空气、齿轮油、Na_2SO_4 溶液和 NaCl 溶液。

3.3.4　腐蚀形貌特征

图 3-3 所示为 AZ31 镁合金腐蚀疲劳实验后，四种不同环境下试样横截面光学显微形貌图。可以看出，在疲劳交变载荷的作用下，AZ31 镁合金在不同环境下具有不同的腐蚀方式。图 3-3（a）所示为空气下的横截面形貌，试样边缘比较光滑，没有明显缺陷。图 3-3（b）和（d）所示分别为齿轮油和 Na_2SO_4 溶液中的形貌，试样边缘不像空气中那么光滑，出现了一些分布均匀的、断断续续的腐蚀缺陷和被截断的腐蚀层，类似于均匀腐蚀，但两种环境下的腐蚀特征及尺寸存在明显差异。腐蚀层厚度不一，前者的腐蚀层要明显薄于后者，且断续点很少，

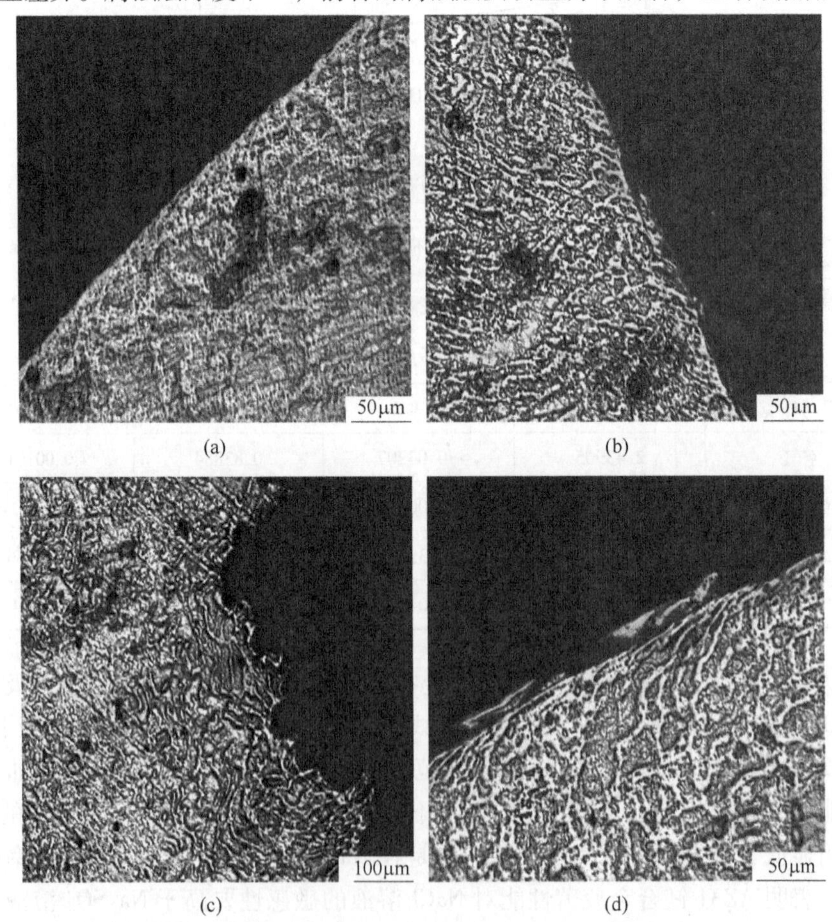

图 3-3　疲劳棒状试样在不同环境下的横截面腐蚀形貌
（a）空气，200MPa；（b）齿轮油，170MPa；（c）3.5% NaCl 溶液，100MPa；
（d）3.5% Na_2SO_4 溶液，125MPa

大部分连接良好，也就是说齿轮油对 AZ31 镁合金的破坏作用微乎其微。这与上述齿轮油对疲劳性能的较小影响一致。相比之下，Na_2SO_4 溶液中试样边缘的断续层数量多、腐蚀层较宽，腐蚀非常严重。图 3-3（c）所示为 AZ31 镁合金在 NaCl 溶液中的横截面形貌，试样边缘出现大量点蚀坑，并不断合并长大，以径向扩展方式向试样内部侵蚀。可以推测出，这些缺陷部位将成为疲劳裂纹最危险的萌生源。

再从表面观察，试样在齿轮油、NaCl 溶液和 Na_2SO_4 溶液中疲劳实验后，去除腐蚀产物前后的表面形貌分别如图 3-4~图 3-6 所示。不同环境下，疲劳试样的表面腐蚀形貌明显不同。从图 3-4（a）和（c）去除腐蚀产物前后较低倍数下的形貌可以看出，去除腐蚀产物后试样表面加工痕迹更清晰，齿轮油与镁合金由于吸附作用产生的吸附物也相应有所减少。将图 3-4（a）和（c）中的椭圆区域放大，见图 3-4（b）和（d）。可观察到吸附物呈突出状，粘贴于镁合金表面，颜色较暗。分别在图中“白点”处进行 EDS 分析，结果分别如图 3-4（e）和（f）所示。在图 3-4（e）去除腐蚀产物前 EDS 结果中，C 元素是齿轮油的主要成分，可能还有一部分 C 元素来自 SEM 制样过程中的导电胶。O 元素也是齿轮油的组成元素。Mg 和 Al 元素是 AZ31 镁合金的主要成分，但相比 AZ31 镁合金，其含量明显下降。这些元素变化说明齿轮油和 AZ31 镁合金之间发生了反应，那些突出吸附物为反应产物。而图 3-4（f）EDS 结果表明，Mg、Al 和 Zn 等元素含量与图 3-4（e）相比所有回升，齿轮油主要成分 C 元素含量明显下降，说明去除腐蚀产物有一定效果，吸附物含量减少。

图 3-5（a）和（c）所示分别为 AZ31 镁合金在 3.5% NaCl（质量分数）溶液中疲劳实验后去除腐蚀产物前后 SEM 低倍数下表面形貌。去除腐蚀产物前（见图 3-5（a）），试样表面覆盖了厚厚一层腐蚀产物，放大圆形区后如图 3-5（b）所示，腐蚀产物有些已成白色颗粒状，这与在空气中氧化有关。去除腐蚀产物后（见图 3-5（c）），与齿轮油中的现象不同，试样表面露出大量点蚀坑，图 3-5（d）所示为图 3-5（c）圆形区放大图，点蚀坑向镁合金内部不断延伸，看不到深度。图 3-5（e）和（f）所示分别为图 3-5（b）和（d）矩形区 EDS 分析结果。图 3-5（e）中，C 元素是 SEM 制样过程中使用导电胶的主要成分，O 元素是镁合金腐蚀产物的主要成分，Na 和 Cl 元素源自 NaCl 溶液。去除腐蚀产物后，在图 3-5（f）中 Mg 元素上升至与 AZ31 镁合金成分相近的含量，而且表面不再有 Na 和 Cl 元素，O 元素含量也明显降低了。

图 3-6（a）所示为 AZ31 镁合金在 3.5%Na_2SO_4（质量分数）溶液中疲劳实验后的表面腐蚀形貌，表面被大量草状或者米字形状的腐蚀产物覆盖，放大矩形区见图 3-6（b），并在十字区进行 EDS 分析（见图 3-6（e））。AZ31 镁合金主要成分 Mg 和 Al 元素含量显著降低，Na、S 和 O 元素为腐蚀产物及 Na_2SO_4 溶液主

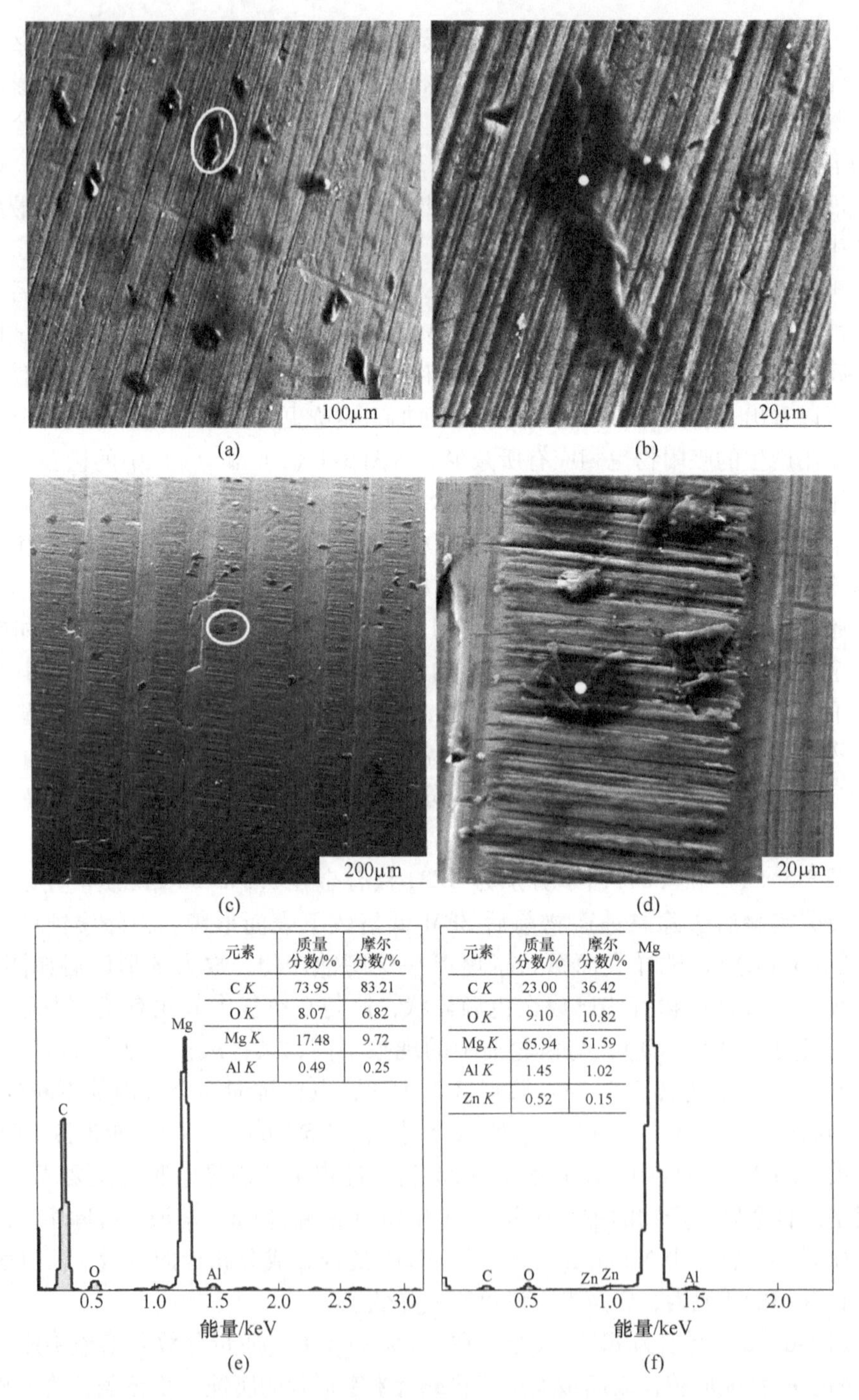

图 3-4　AZ31 镁合金在齿轮油中疲劳实验后，去除腐蚀产物前后的表面形貌

（a）（b）去除腐蚀产物前表面形貌；（c）（d）去除腐蚀产物后表面形貌；

（e）图（b）EDS 结果；（f）图（d）EDS 结果

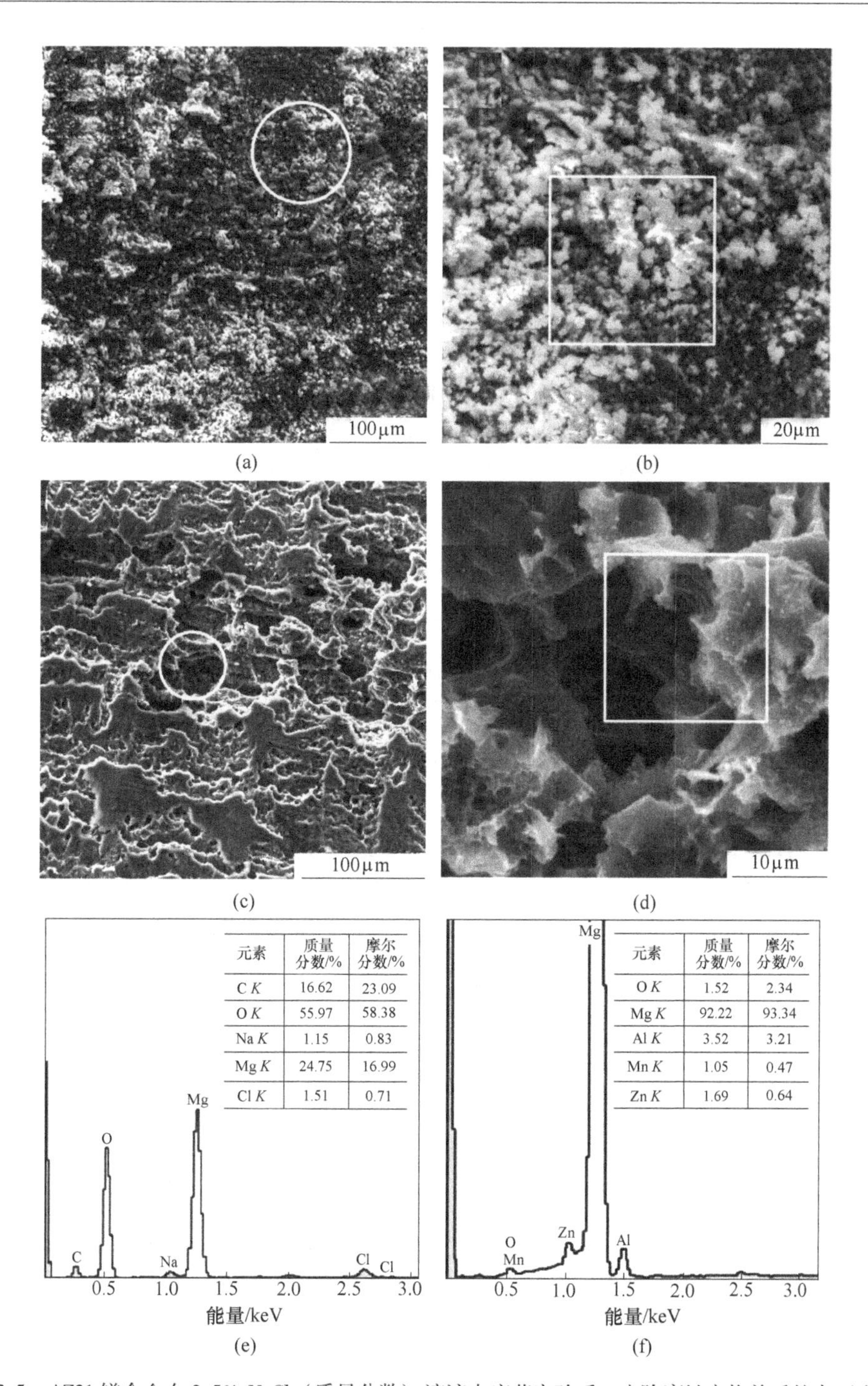

元素	质量分数/%	摩尔分数/%
C *K*	16.62	23.09
O *K*	55.97	58.38
Na *K*	1.15	0.83
Mg *K*	24.75	16.99
Cl *K*	1.51	0.71

元素	质量分数/%	摩尔分数/%
O *K*	1.52	2.34
Mg *K*	92.22	93.34
Al *K*	3.52	3.21
Mn *K*	1.05	0.47
Zn *K*	1.69	0.64

图 3-5 AZ31 镁合金在 3.5% NaCl（质量分数）溶液中疲劳实验后，去除腐蚀产物前后的表面形貌

（a）（b）去除腐蚀产物前表面形貌；（c）（d）去除腐蚀产物后表面形貌；

（e）图（b）EDS 结果；（f）图（d）EDS 结果

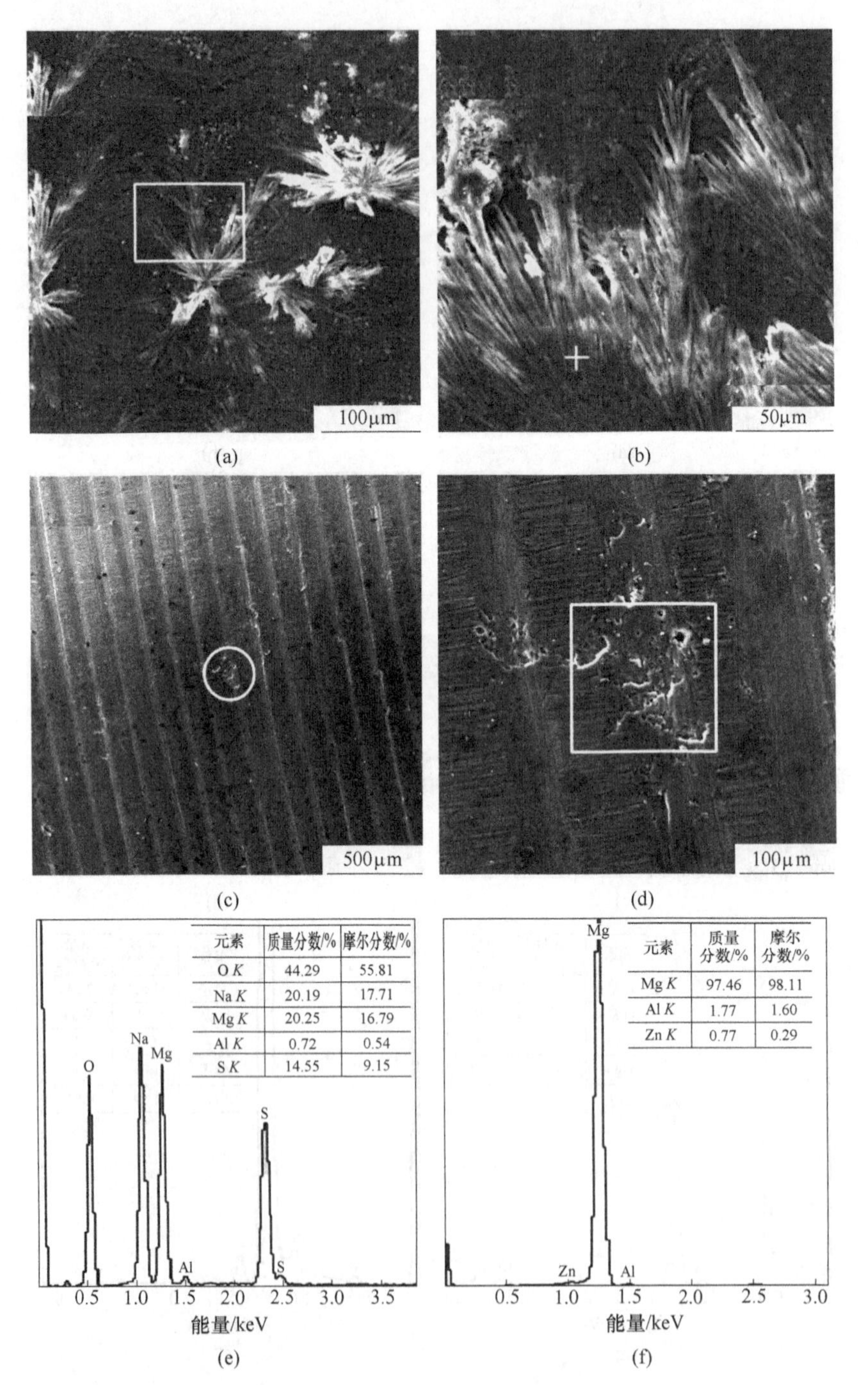

元素	质量分数/%	摩尔分数/%
O *K*	44.29	55.81
Na *K*	20.19	17.71
Mg *K*	20.25	16.79
Al *K*	0.72	0.54
S *K*	14.55	9.15

元素	质量分数/%	摩尔分数/%
Mg *K*	97.46	98.11
Al *K*	1.77	1.60
Zn *K*	0.77	0.29

图 3-6　AZ31 镁合金在 3.5% Na_2SO_4（质量分数）溶液中疲劳实验后，去除腐蚀产物前后的表面形貌

（a）（b）去除腐蚀产物前表面形貌；（c）（d）去除腐蚀产物后表面形貌；

（e）图（b）EDS 结果；（f）图（d）EDS 结果

要成分。去除腐蚀产物后（见图 3-6（c）），试样表面机加工痕迹清晰可见，说明去除腐蚀产物比较彻底。同时可以看到一些不规则痕迹（圆形区），放大后如图 3-6（d）所示，与齿轮油中的吸附现象不同，也不像 NaCl 中的点蚀。试样表面呈现出均匀腐蚀的特征：数量密集、尺寸较小的小针孔，整个腐蚀区尺寸较大，边缘也不规则。这些说明相比于 AZ31 镁合金在 NaCl 溶液中点蚀不断径向扩展，其在 Na_2SO_4 溶液中的腐蚀缺陷更倾向于在试样表面发展，而前者的危害性要远远高于后者。这与 AZ31 镁合金的疲劳性能在 NaCl 中下降更显著吻合。图 3-6（f）所示为图 3-6（d）中小矩形区的 EDS 分析结果，可以看出，去除腐蚀产物后，随着新鲜的 AZ31 镁合金表面的露出，镁合金主要元素 Mg、Al 和 Zn 含量回升比例稳定。

3.3.5 疲劳断口分析

图 3-7 所示为 AZ31 镁合金在四种不同环境下的腐蚀疲劳断口形貌。图 3-7（a）、（c）、（e）和（g）所示为棒状试样疲劳断口的宏观全貌，实验环境分别为空气、齿轮油、3.5%NaCl 和 Na_2SO_4 溶液。虽然后三种腐蚀环境中试样断口表面被腐蚀产物覆盖，但整体看来，四种断口均呈现出明显的扇形特征，且包含了标准疲劳断口的各区域：裂纹萌生区、扩展区和瞬断区。图 3-7（b）、（d）、（f）和（h）所示分别为图 3-7（a）、（c）、（e）和（g）裂纹萌生区（如椭圆标记）的放大图。可以看出，不同环境下，腐蚀疲劳裂纹萌生机制不同，这是不同环境下 AZ31 镁合金疲劳性能下降的主要原因。在空气中，疲劳裂纹主要从试样近表面萌生，这点已进行了大量研究[29,30]。在齿轮油和 Na_2SO_4 溶液中，由于腐蚀均匀，影响不是很大，疲劳裂纹一般也源自试样近表面，但此时试样的边缘不再像空气中那样光滑，而是或多或少表现出一些腐蚀层脱落（见图 3-7（d））或者颜色发黑（见图 3-7（h））的现象，这与图 3-3 中光学显微镜下观察到的腐蚀特征相符。但是，在 NaCl 溶液中，由于 Cl^- 的强侵蚀性，试样边缘的点蚀特征显著（见图 3-7（f）），这些点蚀在周围腐蚀环境和交变疲劳载荷的作用下不断聚集合并长大，当点蚀坑发展到一定临界尺寸时，成为疲劳裂纹最佳萌生源。

AZ31 镁合金在不同环境下的疲劳断裂特征如图 3-8 所示。空气中（见图 3-8（a）和（b）），疲劳断口出现了一些韧窝如图中圆形标识区，还有许多二次裂纹（箭头）及层片状特征，可以说 AZ31 镁合金在空气中的断口属于具备韧性断裂和穿晶解理断裂双重特征的混合型断口。但这些韧窝尺寸都较小，深度也较浅，这表明 AZ31 镁合金的韧性并不是很好，因此也有研究者将镁合金在空气中的断口类型直接归为脆性解理断裂[31]。图 3-8（c）所示为试样在齿轮油中的疲劳断口，断裂特征与空气中相似，既有较浅的韧窝也具有二次裂纹、层片状结构和穿晶解理断裂特征，也属于混合断口。图 3-8（d）和（e）所示分别为 AZ31 镁合金

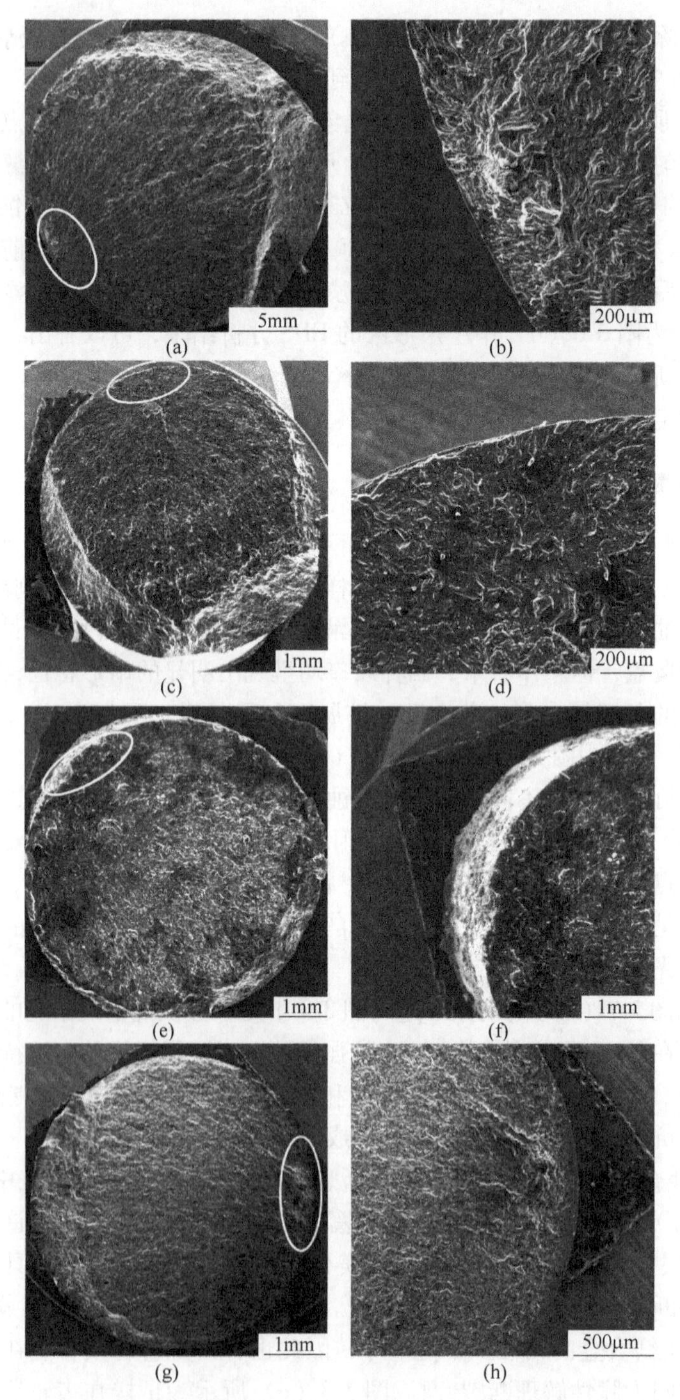

图 3-7　AZ31 镁合金在不同环境下的腐蚀疲劳断口

（a）（b）空气，200MPa；（c）（d）齿轮油，170MPa；（e）（f）3.5% NaCl 溶液，100MPa；（g）（h）3.5% Na_2SO_4 溶液，125MPa

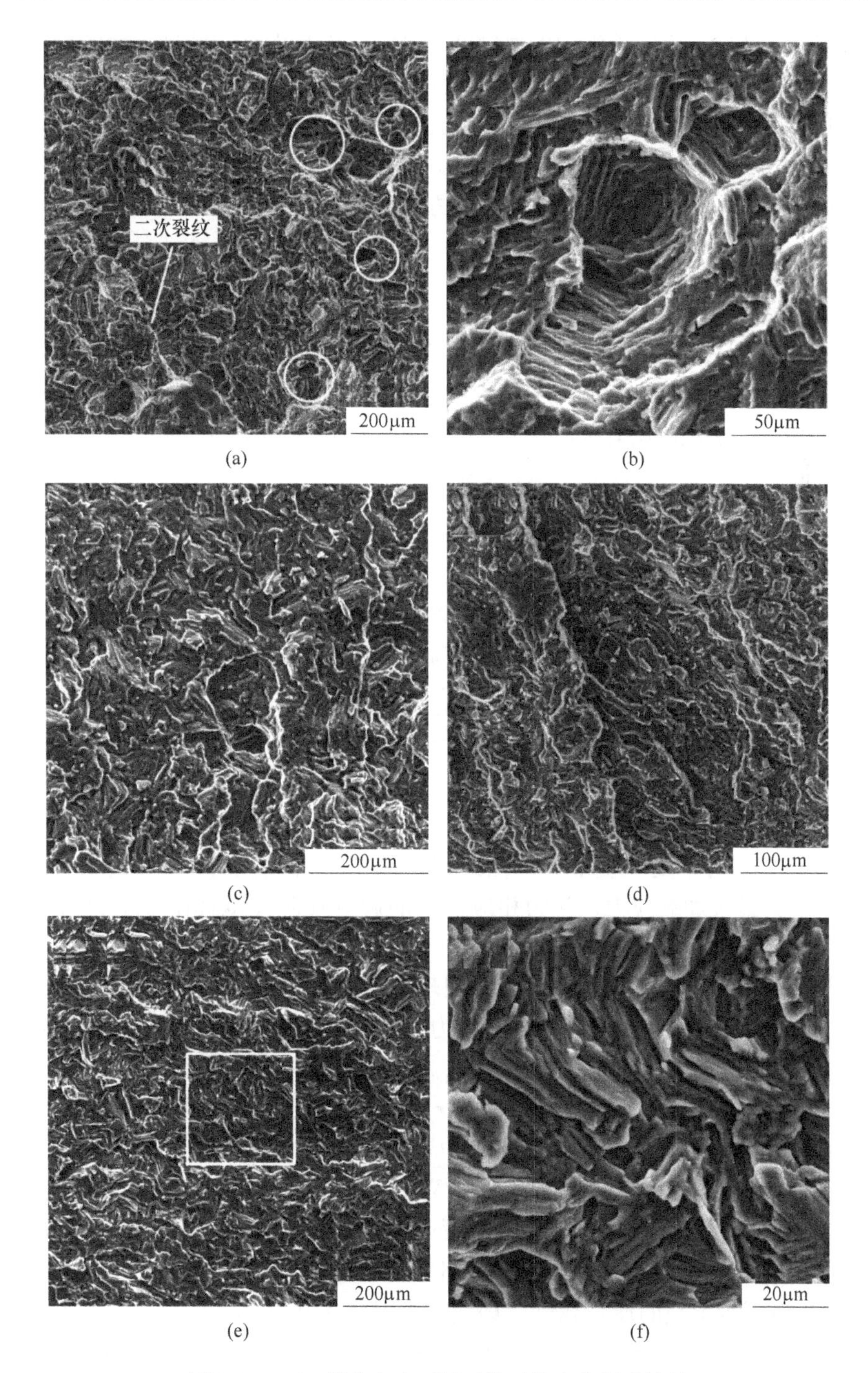

图 3-8 AZ31 镁合金在不同环境下的疲劳断裂特征

(a)(b)空气，200MPa；(c)齿轮油，170MPa；(d)3.5% NaCl 溶液，100MPa；(e)(f)3.5% Na_2SO_4 溶液，125MPa

在 NaCl 溶液和 Na_2SO_4 溶液中的腐蚀疲劳断口，对比发现，断口表面的韧窝数量明显减少，几乎看不到韧窝，但二次裂纹、解理台阶等穿晶断裂特征明显。图 3-8（f）所示为图 3-8（e）中矩形区放大图，可以清晰地看到层片状结构。综上，AZ31 镁合金疲劳断口受空气和齿轮油影响较小，受 NaCl 溶液和 Na_2SO_4 溶液影响严重，但腐蚀环境不改变镁合金断裂方式，均属于典型的穿晶解理断裂。

3.4 讨论

3.4.1 环境对 AZ31 镁合金疲劳性能的影响

为定量分析环境的影响，根据以下公式计算不同环境下疲劳性能（疲劳寿命和疲劳加载应力）的变化率：

$$y = a + bx \tag{3-1}$$

$$\begin{cases} RN_\sigma = \dfrac{N_{air} - N_{corr}}{N_{air}} \times 100\% & (3\text{-}2) \\ R\sigma_N = \dfrac{\sigma_{air} - \sigma_{corr}}{\sigma_{air}} \times 100\% & (3\text{-}3) \end{cases}$$

$$\begin{cases} RN_\Delta = \dfrac{N_{\sigma_1} - N_{\sigma_2}}{N_{\sigma 1}} \times 100\% & (3\text{-}4) \\ R\sigma_\Delta = \dfrac{\sigma_{N_2} - \sigma_{N_1}}{\sigma_{N1}} \times 100\% & (3\text{-}5) \end{cases}$$

式（3-1）为不同环境下 *S-N* 曲线得出的拟合公式。y 和 x 分别为 $\lg\sigma_{max}$ 和 $\lg N$；σ_{max} 为最大加载应力；N 为相应试样的疲劳寿命（也称循环次数）；a 和 b 分别为 *S-N* 曲线的截距和斜率，见表 3-1。

式（3-2）和式（3-3）分别为不同环境下，试样疲劳性能变化率的计算公式。RN_σ 和 $R\sigma_N$ 分别为相同疲劳加载应力 σ（或疲劳寿命 N）作用时两种环境下试样疲劳寿命（疲劳载荷）变化率；N_{air} 和 N_{corr} 分别为相应疲劳加载应力 σ 时，试样在空气和腐蚀环境下的疲劳寿命；σ_{air} 和 σ_{corr} 分别为具有相应疲劳寿命 N 时，试样在空气和腐蚀环境下所承受的加载应力。计算评估结果见表 3-2。本书中以空气中的疲劳性能为参比对象，取 $RN_{163.89}$ 和 $R\sigma_{10^7}$ 为主要评定参量。其中，$RN_{163.89}$ 为当疲劳加载应力为空气中的疲劳极限 163.89MPa 时，试样在不同腐蚀环境下相应疲劳寿命下降率；$R\sigma_{10^7}$ 为当疲劳寿命达到 1.0×10^7 次时，试样在不同腐蚀环境下所承载的疲劳载荷（即疲劳极限）下降率。

式（3-4）和式（3-5）为同一环境下，试样疲劳性能变化率的计算公式。RN_Δ 和 $R\sigma_\Delta$ 分别为同种环境不同加载应力（疲劳寿命）作用时试样疲劳寿命（疲劳加载应力）的变化率；N_{σ_1} 和 N_{σ_2} 分别为在疲劳加载应力 σ_1 和 σ_2 作用下，试样相应疲劳寿命；σ_{N_1}和σ_{N_2}分别为试样疲劳寿命为 N_1 和 N_2 时相应的疲劳加载应力。式中σ_1和N_1分别为该环境下试样的疲劳极限和相应的疲劳寿命 1.0×10^7 次。式（3-4）和式（3-5）将在 3.4.3 节应用和讨论。

表 3-2　AZ31 镁合金不同环境下疲劳性能评估参数

不同环境	疲劳极限 σ_{FL}/MPa	$RN_{163.89}$/%	$R\sigma_{10^7}$/%
空气	163.89	—	—
齿轮油	158.12	13.43	3.52
NaCl 溶液	67.35	89.36	58.91
Na_2SO_4 溶液	107.51	99.99	34.40

由 S-N 曲线（见图 3-2）和表 3-2 可知，一方面，根据 $R\sigma_{10^7}$与空气中疲劳极限对比分析，试样在齿轮油中的疲劳极限降幅不大，Na_2SO_4 溶液中次之，NaCl 溶液中的降幅达一半以上。另一方面，据 $RN_{163.89}$，若试样施加的疲劳载荷为空气中疲劳极限 163.89MPa 时，与空气中疲劳寿命（1.0×10^7 次）相比，试样在其他三种腐蚀环境中的疲劳寿命均下降，齿轮油中的降幅最低，NaCl 溶液中的次之，Na_2SO_4 溶液中的降幅最大，但后两者的降幅均达到 80%以上。也就是说，疲劳载荷为 163.89MPa 时，试样在空气中的疲劳循环次数为 1.0×10^7 次，在齿轮油、NaCl 和 Na_2SO_4 溶液中的循环次数分别为 8.67×10^6 次、1.06×10^6 次和 0 次。本质上看，NaCl 和 Na_2SO_4 中试样疲劳寿命的大幅下降主要是由于 Cl^- 和 SO_4^{2-}的强侵蚀性。而试样在 Na_2SO_4 溶液中疲劳寿命的降幅高于 NaCl 中，这主要是由于从 S-N 曲线上看，相比其他三条曲线，NaCl 中的 S-N 曲线斜率要小很多，曲线较陡，疲劳寿命主要集中于 1.0×10^6 次和 1.0×10^7 次之间。实际工程中，试样疲劳承载应力均应低于相应腐蚀疲劳极限才能基本保证结构的安全性。整体看来，NaCl 溶液对 AZ31 疲劳性能的影响最大，Na_2SO_4 溶液次之、齿轮油和空气最小。

本章以空气（相对湿度 35%，25℃）作为惰性介质参比对象。试样在齿轮油中的疲劳性能降幅不大，这与 AZ91D 镁合金在传动油中的疲劳性能结论一致[17]，与齿轮油和 AZ31 镁合金之间的吸附效应有关，包括：化学吸附（见图 3-3）和物理吸附（见图 3-4）[32]。疲劳实验过程中，试样与齿轮油接触，表面不断形成吸附物。当试样所承载疲劳载荷较大，实验时间相对较短时，这些吸附层较薄，可以起到保护作用，避免 AZ31 镁合金与周围环境中的氧和水分子等的接触，使其疲劳性能一定程度上还可以优于空气中，如齿轮油和空气中 S-N 曲线的相交现象。在较低疲劳载荷作用下，试样疲劳寿命较长，实验持续时间较长，这些吸附层不断增厚，使试样表面粗糙度增大。此时，这些凸出的吸附物根部很容易形成应力集中，成为疲劳裂纹萌生源，使其疲劳性能稍低于空气中。

而具有强侵蚀性的 Cl^-的存在有助于加速阳极溶解，促进镁合金在 NaCl 中性溶液中腐蚀反应的发生。通常，镁合金在中性含氯离子溶液中会发生丝状或者点状腐蚀[33]。本书中，从图 3-3 和图 3-5 可以看出，AZ31 在 NaCl 中性溶液中发生点蚀。随着腐蚀疲劳实验的进行，这些点蚀坑不断聚集、合并、长大，不断增大应力集中。当点蚀坑长大到一定尺寸时，就成为疲劳裂纹优先萌生源。图 3-9（a）所示为试样在 NaCl 溶液中断口表面点蚀坑尺寸与疲劳载荷的关系图。疲劳载荷越低，试样疲劳寿命越长，疲劳实验时间（试样与腐蚀环境作用时间）相对较长，裂纹萌生区点蚀坑尺寸越大。

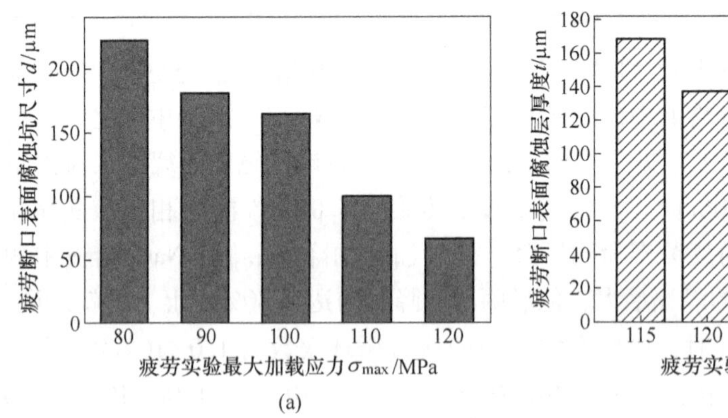

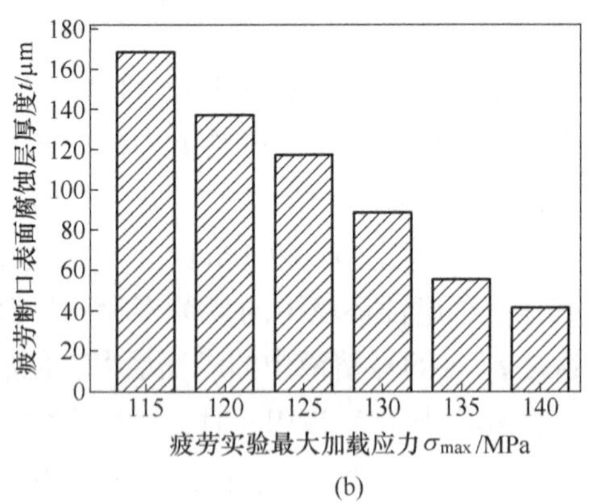

图 3-9　未经涂层处理试样在 NaCl 溶液（a）和 Na_2SO_4 溶液（b）中断口表面腐蚀特征与疲劳载荷的关系

相比 Cl^-，SO_4^{2-} 的侵蚀性较弱，由前面分析结论可知，AZ31 镁合金在 Na_2SO_4 溶液中发生均匀腐蚀。但是不同环境对材料的疲劳性能均有影响[29,34]。除了点蚀，均匀腐蚀也能够降低材料的疲劳极限[35]，是不容忽视的。随着疲劳实验的进行和腐蚀反应的发生，试样表面的粗糙度不断增大，应力集中增大，增加了裂纹萌生概率。而且随着均匀腐蚀层厚度的增大，试样实际承载面积要比空气中的小很多，这使得试样在较低疲劳载荷作用下就会发生断裂失效，从而降低其疲劳极限。图 3-9（b）所示为试样在 3.5% Na_2SO_4（质量分数）溶液中断口表面均匀腐蚀层厚度与疲劳载荷之间的关系。可以看出，随着疲劳载荷的降低，均匀腐蚀层的厚度在不断增大，试样承载面积下降严重。

不同腐蚀环境下疲劳裂纹萌生源不同。空气一般可视为惰性介质，在疲劳交变载荷作用下，材料内部不断发生位错和滑移，位错密度不断增大，如图 3-10 所示。疲劳寿命为 1.0×10^7 次时，材料内部位错密度远远高于实验前。当位错密度达到一定程度，则疲劳裂纹优先从位错堆积源处形核、萌生。受试样几何形状影响，空气中试样的疲劳裂纹萌生于易产生应力集中的试样近表面。齿轮油侵蚀性非常弱，镁合金在其中的变形过程类似于空气中。在 NaCl 溶液中，疲劳裂纹萌生于点蚀坑；而在 Na_2SO_4 溶液中，疲劳裂纹萌生于均匀腐蚀层与基体界面结合处。裂纹扩展过程中，环境对裂纹尖端的影响也一直存在，如图 3-11 所示。相比于图 3-11（a）空气中相对光滑的裂纹尖端，图 3-11（b）中的腐蚀环境下，裂纹尖端不再光滑，腐蚀液一旦与裂纹尖端新鲜金属表面接触，立即发生腐蚀反应，形成凹凸不平的腐蚀特征。裂纹尖端被腐蚀掉一层 Δx，增加了裂纹长度。疲劳交变载荷继续作用使裂纹（$x+\Delta x$）又被撕开露出新鲜金属表面，与周围环境发生腐蚀，这一过程反复发生。根据 3.4.2 节式（3-7）和式（3-8），裂纹扩展过程中随着裂纹长度的增加，裂纹尖端应力强度因子幅值 ΔK 增大，疲劳裂纹扩展速率增大。腐蚀环境中裂纹长度增加率和增加量大于空气中，疲劳裂纹扩展速率更大，降低了材料的腐蚀疲劳性能。再从疲劳扩展阶段断口特征（见图3-8）分析，空气中，AZ31 镁合金疲劳断口表面虽然有少量韧窝，但还有二次裂纹、扇形花样等解理断裂特征。这些韧窝数量小且较浅，因此可以将 AZ31 镁合金在空气中的疲劳断口也归于解理断裂。同理，AZ31 镁合金在齿轮油中的疲劳断口

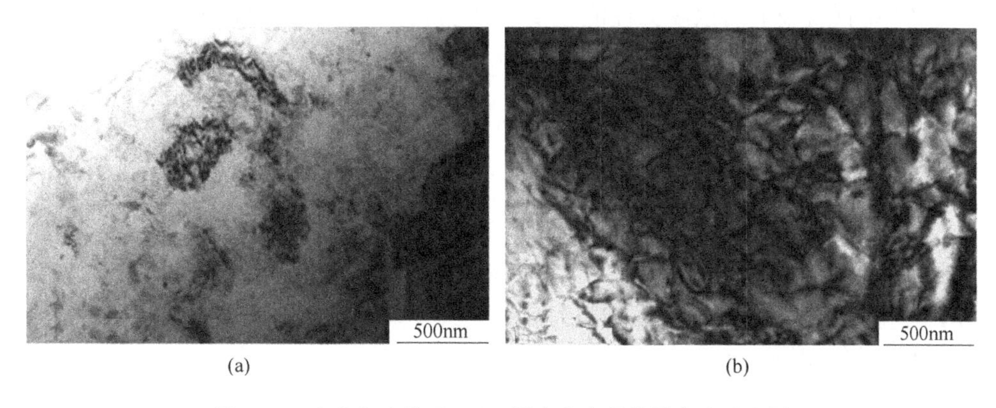

图 3-10　疲劳实验前后 AZ31 镁合金内部位错密度示意图

（a）疲劳实验前；（b）疲劳实验后，循环次数 1.0×10^7 次

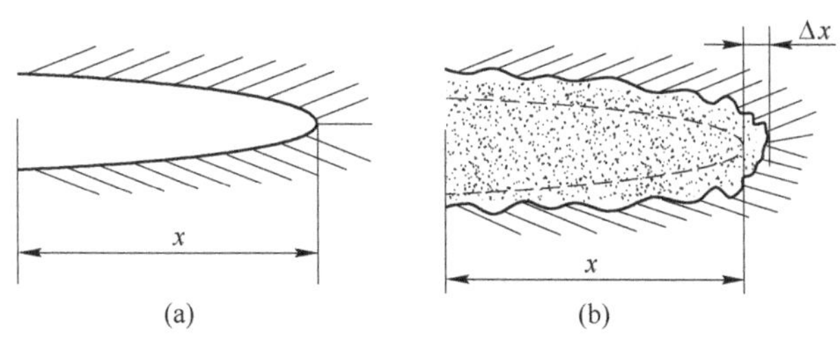

图 3-11　不同环境下裂纹尖端示意图

（a）空气中；（b）腐蚀环境中

也可以归于解理断裂。在 NaCl 溶液和 Na_2SO_4 溶液中，二次裂纹、扇形花样等解理断裂特征表明，AZ31 镁合金为解理断裂。综合分析，腐蚀环境可以改变 AZ31 镁合金疲劳裂纹萌生机制，加速疲劳裂纹扩展，但是对其疲劳断裂方式影响不大。

3.4.2　加载频率对 AZ31 镁合金疲劳性能的影响

在空气中，本书中 AZ31 镁合金的高频（f=99.0~102.0Hz，r=0.1）疲劳极限要高于文献［8，10，14］（f=30Hz，r=−1）中的实验结果。在 3.5% NaCl（质量分数）溶液中，腐蚀疲劳极限同样保有这样的优势[36]（f=20Hz，r=−1）。

迄今，AZ31 镁合金在齿轮油和 Na_2SO_4 溶液中低频疲劳性能的研究还未发现。本书实验结果表明，AZ31 镁合金在齿轮油中高频疲劳极限与空气中相近。其他合金 AZ91D 和 AM50 在齿轮油中的低频（f=30Hz，r=−1）疲劳实验表明，这两种合金在齿轮油中的低频疲劳行为又稍高于空气中的[17]。

综上，同种腐蚀介质下，高频疲劳实验得出的 AZ31 镁合金的疲劳极限要高于低频。众所周知，疲劳是一个复杂的课题，影响因素众多。当腐蚀介质一定时，AZ31 镁合金的腐蚀疲劳性能主要受到加载频率 f 和应力比 r 的影响。根据 Paris 公式[37]：

$$\sigma_a = \frac{1}{2}(\sigma_{max} - \sigma_{min}) = \frac{1}{2}\sigma_{max}(1 - r) \tag{3-6}$$

$$\Delta K = \sigma_a Y\sqrt{\pi a} \tag{3-7}$$

$$da/dN = C(\Delta K)^m \tag{3-8}$$

式中，σ_{max}和 σ_{min}分别为疲劳实验中的最大和最小加载应力；σ_a 为应力幅值；ΔK 为应力强度因子幅值；da/dN 为疲劳裂纹扩展速率；a 为半裂纹长度；Y 为裂纹形状修正因子；C 和 m 为常数。

由式（3-6）~式（3-8）可以看出，当加载频率一定时，在同样加载应力下，裂纹扩展速率会随着应力比 r 的减小而增加。对比上述文献资料，r=−1 的危害性要高于 r=0.1，这是高低频疲劳性能差异的原因之一。与 Tastuo 等人[38]的研究结论一致。再者，Zeng 等人[39]研究指出，加载频率不同，C 和 m 是不同的，增加了问题的复杂性。

当应力比 r 一定时，在同样疲劳应力作用下，不同加载频率产生的应变不同，从而对材料的疲劳裂纹萌生和扩展产生重要影响[40~43]。空气中，加载频率不大于 15Hz 时，AZ80 和 AZ61 镁合金的疲劳裂纹扩展速率随着加载频率的降低而增大[39,44]。这是因为，加载频率越小，与空气接触时间相对越长，镁合金表面（包括新鲜裂纹尖端）形成的氧化膜厚度越大。而这种氧化膜是脆性的，可以加速裂纹扩展速率[45,46]。表明低频对镁合金疲劳的影响要大于高频，与本章研究结论一致。

在腐蚀环境中，有文献［47］指出，加载频率为5～15Hz，由于裂纹的闭合效应，AZ61镁合金在3.5% NaCl（质量分数）溶液中的裂纹扩展速率是随着加载频率的降低而降低的。但值得注意的是，在高频（$f=99.0\sim102.0$Hz）疲劳载荷作用下，振动频率较大，试样表面和裂纹尖端的腐蚀产物不像低频时那样容易集结在一起，裂纹闭合效应的作用效果不明显。因此，NaCl溶液对镁合金高频疲劳裂纹扩展速率的影响不是很大。这是高低频疲劳性能差异的又一原因。整体分析，AZ31镁合金在腐蚀介质中的高频疲劳裂纹扩展速率与空气中保持一致，随着加载频率的减小而增大。

将高频与低频疲劳实验下AZ31镁合金断口对比分析，结果表明，不管高频还是低频，AZ31镁合金在空气中的疲劳裂纹萌生源未改变，萌生于近表面；在NaCl溶液中萌生于点蚀坑；从疲劳扩展特征分析，不管是空气还是NaCl溶液中，AZ31镁合金低频疲劳断裂方式均被认为是解理断裂，与高频下一致。目前AZ31低频疲劳实验在空气中和NaCl溶液中已研究，齿轮油和Na_2SO_4溶液中的研究还未发现，因此本章未对比。

上述分析还表明，与腐蚀介质的影响不同，加载频率不改变镁合金在不同环境下的疲劳裂纹萌生和扩展机制。但当加载应力一定时，高频疲劳裂纹形核区较易达到临界尺寸。如在3.5% NaCl（质量分数）溶液中，试样表面腐蚀产物相对容易去除，暴露出新鲜合金表面。这一过程反复进行，加速了周围腐蚀液的渗入、点蚀坑的形成和合并长大。

3.4.3 AZ31镁合金疲劳性能应力敏感性分析

根据同一环境下，试样疲劳性能变化率的计算式（3-4）和式（3-5），图3-12所示为AZ31镁合金在一种环境中疲劳加载应力和疲劳寿命变化率间的关系曲线，即RN_Δ-$R\sigma_\Delta$曲线。可以看出，AZ31镁合金的疲劳性能具有一定应力敏感性，尤其是在腐蚀环境下。空气中，随着疲劳加载应力提高量的增大，试样相应的疲劳寿命始终以一定较均匀的速率缩短。如当疲劳加载应力由疲劳极限163.89MPa增至175MPa，提高量为6.8%时，疲劳寿命的下降量约为93.23%；当疲劳加载应力由163.89MPa增至190MPa，提高量为15.9%时，疲劳寿命的下降量约为99.36%。试样疲劳寿命的下降量范围主要集中在96.30%左右。而在齿轮油、NaCl和Na_2SO_4溶液环境下，随着疲劳加载应力的提高，试样疲劳寿命下降量越来越大。以NaCl溶液为例，随着疲劳加载应力增加量由33.63%增至48.48%时，试样疲劳寿命降幅由48.27%降至64.43%，降幅增大。这是由于空气作为惰性介质，对镁合金影响较小，但在腐蚀介质中，疲劳加载应力越小，疲劳寿命越长，即试样与周围腐蚀环境作用时间越长，腐蚀环境的影响体现越明显。

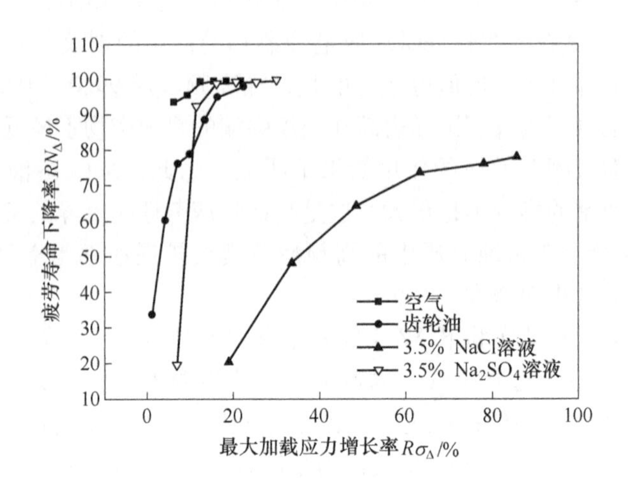

图 3-12　AZ31 镁合金特定环境下的 RN_Δ-$R\sigma_\Delta$曲线

3.5　小结

对比分析 AZ31 镁合金在空气、齿轮油、NaCl 溶液和 Na_2SO_4 溶液环境下的腐蚀疲劳性能，探讨不同环境、加载频率对疲劳裂纹萌生和扩展机制的影响，总结得出：

（1）与空气中相比，AZ31 镁合金不同腐蚀介质下的疲劳极限均呈现出下降特征。下降率随着腐蚀介质不同而不同。齿轮油中的疲劳极限与空气中相差不大，下降率最小，为 3.52%；Na_2SO_4 溶液中降幅较大为 34.40%，约 1/3；NaCl 溶液中的降幅最大，为 58.91%，达一半以上。

（2）不同环境下，疲劳裂纹萌生机制不同。由于齿轮油的侵蚀性小，试样在空气和齿轮油中的疲劳裂纹萌生于近表面；而在 NaCl 溶液中裂纹萌生源为点蚀坑；在 Na_2SO_4 溶液中，疲劳裂纹萌生于腐蚀层和基体界面处。

（3）从疲劳断口特征分析，试样在空气和齿轮油中的疲劳断口有少量尺寸较小的韧窝，而 NaCl 溶液和 Na_2SO_4 溶液中没有，但四种环境下疲劳断口均存在大量二次裂纹、扇形花样和解理台阶。忽略小韧窝的作用，可以认为 AZ31 镁合金在四种环境下的断裂方式为解理断裂。

（4）通过对比分析镁合金高低频疲劳性能得出，与腐蚀介质的影响不同，加载频率不改变 AZ31 镁合金在不同环境下的疲劳裂纹萌生和扩展机制。但当加载应力一定时，高频疲劳裂纹形核区较易达到临界尺寸，此时的高频疲劳性能略低。

参考文献

[1] Zeng R C, Han E H, Ke W. Fatigue and corrosion fatigue of magnesium alloys [C]//Materials Science Forum. 2005, 488: 721~724.

[2] Zhou H M, Wang J Q, Zhang B, et al. Acoustic emission signal analysis for rolled AZ31B magnesium alloy during corrosion fatigue process [J]. Journal of Chinese Society for Corrosion and Protection, 2009, 29 (2): 81~87.

[3] Zhou H M, Wang J Q, Zang Q S, et al. Study on the effect of Cl^- concentration on the corrosion fatigue damage in a rolled AZ31B magnesium alloy by acoustic emission [J]. Key Engineering Materials, 2007, 353: 327~330.

[4] 曾荣昌，韩恩厚，柯伟，等. 变形镁合金 AZ80 的腐蚀疲劳机理 [J]. 材料研究学报，2004, 18 (6): 561~567.

[5] 曾荣昌，韩恩厚，柯伟，等. 挤压镁合金 AM60 的腐蚀疲劳 [J]. 材料研究学报，2005, 19 (1): 1~7.

[6] Nakajima M, Tokaji K, Uematsu Y, et al. Effects of humidity and water environment on fatigue crack propagation in magnesium alloys [J]. Society of Materials Science, 2007, 56 (8): 764~770.

[7] Sotomi I, Nan Z Y. Tomonori N, et al. On electrochemical polarization curve and corrosion fatigue resistance of the AZ31 magnesium alloy [J]. Key Engineering Materials, 2010, 452~453: 321~324.

[8] Eliezer A, Gutman E M, Abramov E, et al. Corrosion fatigue of die-cast and extruded magnesium alloys [J]. Journal of Light Metals, 2001: 179~186.

[9] Gu X N, Zhou W R, Zheng Y F, et al. Corrosion fatigue behaviors of two biomedical Mg alloys-AZ91D and WE43-In simulated body fluid [J]. Acta Biomaterialia, 2010, 6: 4605~4613.

[10] Unigovski Ya, Eliezer A, Abramov E, et al. Corrosion fatigue of extruded magnesium alloys [J]. Materials and Engineering A, 2003, 360: 132~139.

[11] Sabrina A K, Shahnewaz Bhuiyan Md, Yukio M, et al. Corrosion fatigue behavior of die-cast and shot-blasted AM60 magnesium alloy [J]. Materials Science and Engineering A, 2011, 528: 1961~1966.

[12] Chamos A N, Pantelakis S G, Spiliadis V. Fatigue behaviour of bare and pre-corroded magnesium alloy AZ31 [J]. Materials and Design, 2010, 31: 4130~4137.

[13] Yoshiharu M, Shahnewaz Bhuiyan M, Zainuddin S. High cycle fatigue behavior of magnesium alloys under corrosive environment [J]. Key Engineering Materials, 2008, 378-379: 131~146.

[14] Nan Z Y, Ishihara S, Goshima T. Corrosion fatigue behavior of extruded magnesium alloy AZ31 in sodium chloride solution [J]. International Journal of Fatigue, 2008, 30: 1181~1188.

[15] Shahnewaz Bhuiyan Md, Yoshiharu M, Tsutomu M, et al. Corrosion fatigue behavior of extruded magnesium alloy AZ80-T5 in a 5% NaCl environment [J]. Engineering Fracture Mechanics, 2010, 77: 1567~1576.

[16] Shahnewaz Bhuiyan Md, Yoshiharu M, Tsutomu M, et al. Corrosion fatigue behavior of extruded magnesium alloy AZ61 under three different corrosive environments [J]. International Journal of

Fatigue, 2008, 30: 1756~1765.

[17] Eliezer A, Medlinsky O, Haddad J, et al. Corrosion fatigue behavior of magnesium alloys under oil environments [J]. Materials Science and Engineering A, 2008, 477: 129~136.

[18] He X L, Wei Y H, Hou L F, et al. High-frequency corrosion fatigue behavior of AZ31 magnesium alloy in different environments [J]. Proceedings of the Institution of Mechanical Engineers, Part C: Journal of Mechanical Engineering Science, 2014, 228 (10): 1645~1657.

[19] Suraratchai M, Limido J, Mabru C, et al. Modelling the influence of machined surface roughness on the fatigue life of aluminium alloy [J]. International Journal of Fatigue, 2008, 30 (12): 2119~2126.

[20] Proudhon H, Fouvry S, Buffière J Y. A fretting crack initiation prediction taking into account the surface roughness and the crack nucleation process volume [J]. International Journal of Fatigue, 2005, 27: 569~579.

[21] Kwon J W, Lee D G. The effects of surface roughness and bond thickness on the fatigue life of adhesively bonded tubular single lap joints [J]. Journal of Adhesion Science and Technology, 2000, 14 (8): 1085~1102.

[22] Khun N W, Frankel G S. Effects of surface roughness, texture and polymer degradation on cathodic delamination of epoxy coated steel samples [J]. Corrosion Science, 2013, 67: 152~160.

[23] Lee S M, Lee W G, Kim Y H, et al. Surface roughness and the corrosion resistance of 21Cr ferritic stainless steel [J]. Corrosion Science, 2012, 63: 404~409.

[24] Gravier J, Vignal V, Bissey-Breton S. Influence of residual stress, surface roughness and crystallographic texture induced by machining on the corrosion behaviour of copper in salt-fog atmosphere [J]. Corrosion Science, 2012, 61: 162~170.

[25] Alvarez R B, Martin H J, Horstemeyer M F, et al. Corrosion relationships as a function of time and surface roughness on a structural AE44 magnesium alloy [J]. Corrosion Science, 2010, 52: 1635~1648.

[26] Kentish P. Stress corrosion cracking of gas pipelines Effect of surface roughness, orientations and flattening [J]. Corrosion Science, 2007, 49: 2521~2533.

[27] Neter J, Wasserman W, Kutner MH. Applied linear statistical models [M]. Irwin, Homewood, Il, USA, 1985.

[28] Draper N, Smith H. Applied Regression Analysis [M]. 2ed. New York: Wiley, 1981.

[29] He X L, Wei Y H, Hou L F, et al. High-frequency corrosion fatigue behavior of AZ31 magnesium alloy in different environments [J]. Proceedings of the Institution of Mechanical Engineers, Part C: Journal of Mechanical Engineering Science, 2014, 228 (10): 1645~1657.

[30] Huppmann M, Lentz M, Brömmelhoff K, et al. Fatigue properties of the hot extruded magnesium alloy AZ31 [J]. Materials Science and Engineering A, 2010, 527: 5514~5521.

[31] 李晋永. 工程结构材料焊接接头疲劳性能的对比研究 [D]. 太原: 太原理工大学. 2008.

[32] BIRESAW G. Adsorption of amphiphiles at an oil-water vs. an oil-metal interface [J]. Journal of the American Oil Chemists' Society, 2005, 82 (4): 285~292.

[33] Lubbert K, Kopp J, Wendler-Kalsch E. Corrosion behaviour of laser beam welded aluminium and magnesium alloys in the automotive industry [J]. Materials Corrosion, 1999, 50: 65~72.

[34] Duquette D J, Uhlig H H. Effect of dissolved oxygen and NaCl on corrosion fatigue of 0.18 percent carbon steel [J]. Transactions American Society Metals, 1968, 61: 449~456.

[35] Khan S A, Miyashita Y, Mutoh Y, et al. Fatigue behavior of anodized AM60 magnesium alloy under humid environment [J]. Materials Science and Engineering A, 2008, 498: 377~383.

[36] Bhuiyan M S, Mutoh Y. Two stage *S-N* curve in corrosion fatigue of extruded magnesium alloy AZ31 [J]. J Sci Technol, 2009, 31 (5): 463~470.

[37] Suresh S. Fatigue of Materials [M]. Cambridge: Cambridge University Press, 1998: 609.

[38] Tatsuo S, Yosuke S, Yoshiyuki N, et al. Effect of stress ratio on long life fatigue behavior of high carbon chromium bearing steel under axial loading [J]. International Journal of Fatigue, 2006, 28: 1547~1554.

[39] Zeng R C, Han E H, Ke W. A critical discussion on influence of loading frequency on fatigue crack propagation behavior for extruded Mg-Al-Zn alloys [J]. International Journal of Fatigue, 2012, 36: 40~46.

[40] Zhu S Q, Yan H G, Xia W J, et al. Influence of different deformation processing on the AZ31 magnesium alloy sheets [J]. Journal of Materials and Science, 2009, 44: 3800~3806.

[41] Jiang L, Jonas J J, Luo A A, et al. Twinning-induced softening in polycrystalline AM30 Mg alloy at moderate temperatures [J]. Scripta Materialia, 2006, 54 (5): 771~775.

[42] Zeng R C, Han E H, Ke W, et al. Influence of microstructure on tensile properties and fatigue crack growth in extruded magnesium alloy AM60 [J]. International Journal of Fatigue, 2010, 32: 411~419.

[43] Lin X Z, Chen D L. Strain hardening and strain-rate sensitivity of an extruded magnesium alloy [J]. Journal of Materials Engineering and Performance, 2008, 17: 894~901.

[44] Zeng R C, Ke W, Han E H. Influence of load frequency and ageing heat treatment on fatigue crack propagation rate of as-extruded AZ61 alloy [J]. International Journal of Fatigue, 2009, 31: 463~467.

[45] Zeng R C, Han E H, Ke W, et al. Fatigue crack propagation of Mg-Al-Zn magnesium alloys [C]. //Proceedings of the seventh international conference on magnesium alloys and their applications. Weinheim: Wiley-VCH, 2006: 666~672.

[46] Kobayashi Y, Shibusawa T, Ishikawa K. Environmental effect of fatigue crack propagation of magnesium alloy [J]. Materials Science and Engineering A, 1997, 234~236: 220~222.

[47] Rozali S, Mutoh Y, Nagata K. Effect of frequency on fatigue crack growth behavior of magnesium alloy AZ61 under immersed 3.5% NaCl environment [J]. Materials Science and Engineering A, 2011, 528: 2509~2516.

4 微弧氧化及封孔处理 AZ31 镁合金应力腐蚀防护性能

4.1 概述

根据第 2 章 AZ31 镁合金慢拉伸应力腐蚀实验分析，在腐蚀环境下，AZ31 镁合金的应力腐蚀开裂（stress corrosion cracking，SCC）敏感性较大，一定程度上限制了镁合金材料的实际工程应用。因此，进一步探索研究镁合金应力腐蚀防护方法及性能具有重要实用意义。

有关镁合金应力腐蚀防护性能的研究目前还较少，防护方法种类也很少：激光表面改性处理和等离子电解氧化等。Zhang Yongkang 等人[1,2]采用激光冲击（laser shock processing/peening，LSP）处理 AZ31B 镁合金表面，研究其在 1% NaOH（质量分数）溶液和 3.5% NaCl（质量分数）溶液中的应力腐蚀敏感性。LSP 不但可以使合金表面晶粒细化、强度提高，还可以在镁合金近表面形成残余压应力。这些特性可以延迟应力腐蚀裂纹的萌生和扩展，从而改善应力腐蚀敏感性。Bala Srinivasan 等人[3~6]采用的是等离子电解氧化（plasma electrolytic oxidation，PEO）处理方法，通过在铸态 AM50 镁合金及变形 AZ61 和 AZ31 镁合金表面形成 PEO 涂层，研究其在标准 ASTM D1384 腐蚀液环境下的应力腐蚀行为。虽然成型态不同，牌号不同，但是作者研究得出，PEO 处理后三种镁合金的应力腐蚀性能改善不是很显著，与母材的应力腐蚀行为相似。

微弧氧化（micro-arc oxidation，MAO）又称为微等离子体阳极氧化和电火花沉积[7,8]，是在传统阳极氧化的基础上发展起来的一种新型表面改性方法，主要应用于 Al、Mg、Ti 等合金表面，利用表面原位生成的陶瓷氧化层来改善合金材料的耐蚀性及耐磨性。目前微弧氧化方法已在铝合金[9,10]和钛合金[11]疲劳性能方面开展了一些研究，但在镁合金应力腐蚀性能方面的研究还处于空白阶段。

基于此，本章采用 MAO 及封孔方法处理 AZ31 镁合金，研究其在空气、3.5% NaCl（质量分数）溶液和 3.5% Na_2SO_4（质量分数）溶液中的慢拉伸应力腐蚀防护性能[12]。对比分析微弧氧化涂层、封孔处理及腐蚀环境对 AZ31 镁合金应力腐蚀的影响，丰富和发展镁合金应力腐蚀防护方法和机理。

4.2 实验方法

4.2.1 实验材料及尺寸

实验材料为挤压 AZ31 镁合金，化学成分和力学性能分别见表 2-1 和 2-2。试样加工处理过程与 2.2.1 节描述一致，具体形状尺寸见图 2-1。

实验环境为空气（相对湿度约 35%，25℃）、3.5% NaCl（质量分数）溶液和 3.5% Na_2SO_4（质量分数）溶液（pH = 7±0.5），由分析纯级别的 NaCl 和 Na_2SO_4 及去离子水配得，分别用 HCl 溶液、H_2SO_4 溶液和 NaOH 溶液调节至所需要的 pH 值。

4.2.2 微弧氧化及封孔处理

微弧氧化处理之前，基体需要用 800 号、1000 号、1500 号和 2000 号砂纸依次打磨，并用去离子水和丙酮清洗干净，吹干。

微弧氧化采用 MAO160-Ⅱ型设备在室温下进行。电解液主要成分有：8g/L Na_2SiO_3、4g/L KF 和 5g/L KOH。恒电流密度为 0.3A/cm^2。微弧氧化时间越长，电压越高，厚度越大，本实验最高电压不超过 500V。通过调节时间可以得到所需要的厚度。

试样从电解液中取出后需用清水冲洗约 5min，以彻底清除残留液体。吹干后得到未封孔的微弧氧化试样（记为 MAOW）。

封孔工艺选用工业化生产中常用处理方式：将微弧氧化后的试样放入 80℃纯水中静置 5~8min，随后取出吹干即可（记为 MAOF）。

4.2.3 电化学测试

极化曲线测试系统及相关实验参数如 2.2.2 节所述。

4.2.4 应力腐蚀实验

应力腐蚀实验设备及相关参数如 2.2.3 节所述。

4.2.5 其他测试方法

微弧氧化后，采用 VEGA3SBH 型扫描电子显微镜（SEM）观察微弧氧化涂层封孔前后表面形貌、界面结合情况及涂层厚度，并通过能谱分析仪（EDS，OXFORD/ZNCA150）和 X 射线衍射仪（XRD，TD-3500）分析微弧氧化涂层显微组织结构。另外，采用便携式 TR240 粗糙度测试仪测试试样封孔前后的表面粗糙度。

应力腐蚀实验后，利用 SEM 观测试样去除腐蚀产物前后表面形貌、应力腐蚀开裂断口特征。去除腐蚀产物工艺同 2.2.4 节所述。

4.3　实验结果

4.3.1　微弧氧化涂层特征

图 4-1（a）所示为扫描电镜 3000 倍时，微弧氧化后试样表面形貌，经将圆形区放大 20000 倍如图 4-1（b）所示，可以看出微弧氧化后，膜层表面有许多小孔，平均直径约 0.42μm。图 4-1（c）所示为图 4-1（b）中矩形区域 EDS 分析结果，其中 Si、K、Na、F、O 等元素是电解液主要成分元素，Mg 和 Al 是镁合金基体的主要成分元素，C 主要来自制 SEM 样时的导电胶等。Mg 的元素含量显著降低，说明表面微弧氧化膜层的形成。

(a)　　(b)

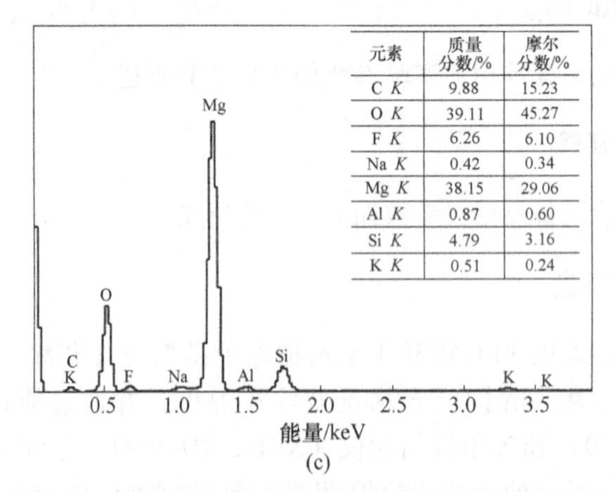

元素	质量分数/%	摩尔分数/%
C *K*	9.88	15.23
O *K*	39.11	45.27
F *K*	6.26	6.10
Na *K*	0.42	0.34
Mg *K*	38.15	29.06
Al *K*	0.87	0.60
Si *K*	4.79	3.16
K *K*	0.51	0.24

(c)

图 4-1　封孔及应力腐蚀实验前微弧氧化试样表面形貌

同样倍数下，图4-2（a）所示为封孔后微弧氧化层表面形貌，将圆形区放大至20000倍（见图4-2（b））。分析发现封孔处理后，微弧氧化层表面微孔的数量和直径减小，约0.23μm。图4-2（b）中矩形区EDS分析结果如图4-2（c）所示。与图4-1（c）相比，所包含元素种类及含量基本一样。

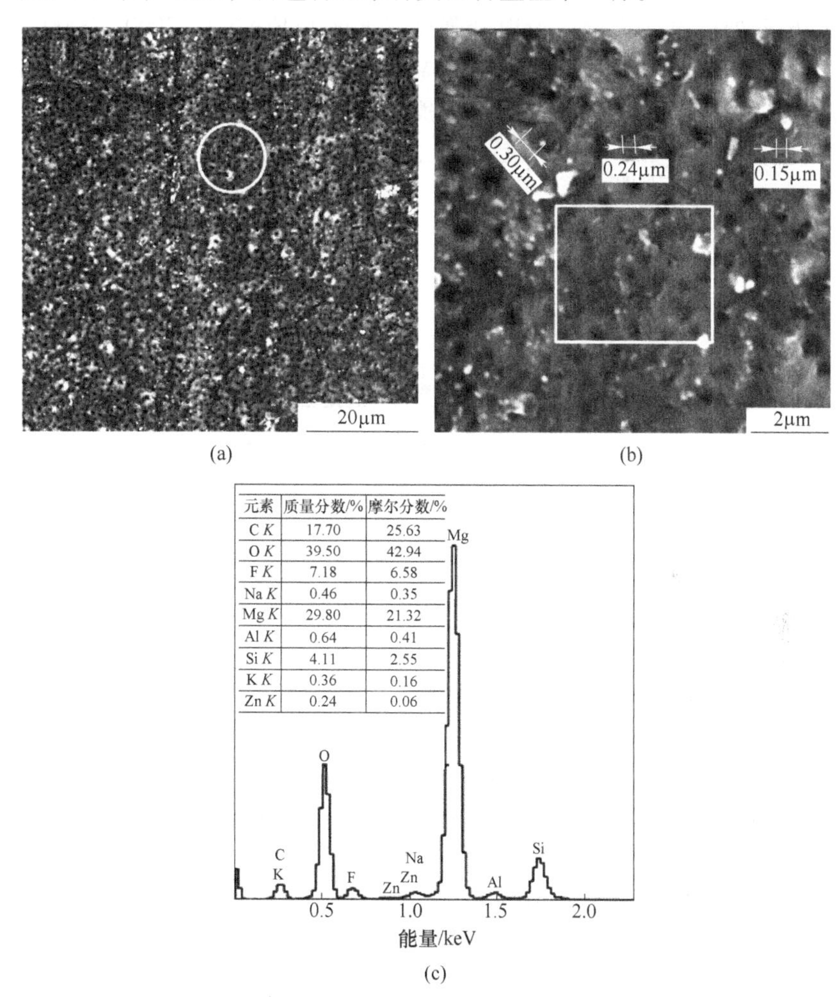

元素	质量分数/%	摩尔分数/%
C K	17.70	25.63
O K	39.50	42.94
F K	7.18	6.58
Na K	0.46	0.35
Mg K	29.80	21.32
Al K	0.64	0.41
Si K	4.11	2.55
K K	0.36	0.16
Zn K	0.24	0.06

图4-2 应力腐蚀实验前微弧氧化并封孔处理后试样表面形貌

微弧氧化封孔前后试样表面粗糙度值 R_a 分别为0.112μm和0.097μm（误差≤±10%）左右。与2.3.1节AZ31镁合金基体相比，粗糙度差值均在误差范围内。因此，本章研究中可以忽略表面粗糙度的影响。

图4-3所示为镁合金基体、微弧氧化试样、微弧氧化并封孔处理后试样的XRD衍射图谱。结合EDS元素分析结果，对比分析，微弧氧化前后试样的XRD图谱基本保留了AZ31镁合金基体（主要由α-Mg组成）的衍射峰位置，除了基

体的原因，还有一个原因是微弧氧化膜层的厚度较薄（见图 4-4）。但还是可以看出两点区别：(1) 相比 AZ31 镁合金基体，微弧氧化后试样的 XRD 图谱显示，在 43. 2°、67. 4°和 78. 2°出现了衍射峰，为 MgO 和 $MgAl_2O_4$ 衍射峰。(2) 衍射峰强度按照以下顺序显著增强：镁合金基体、微弧氧化试样、微弧氧化并封孔试样。以 36. 7°处衍射峰为例，衍射峰强度（a. u.）依次为：2000、7000、9000。这主要是因为这一衍射峰不再仅仅是 α-Mg 的衍射峰，还叠加了其他几种微弧氧化层的组成相峰。而经过封孔处理后，微弧氧化膜层更致密，衍射峰更强。

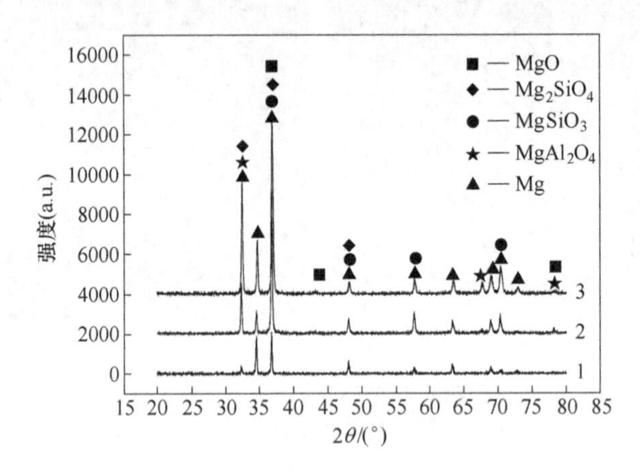

图 4-3　镁合金基体和微弧氧化封孔前后试样的 XRD 图谱

1—Mg；2—MAOW；3—MAOF

对比封孔前后的微弧氧化膜层 XRD 图谱，可以看出，封孔处理对微弧氧化膜层的主要相组成影响不大，但对衍射峰强度有一些影响，这点与上述分析一致。微弧氧化膜层主要由 MgO、Mg_2SiO_4、$MgSiO_3$、$MgAl_2O_4$ 组成，Mg 是镁合金基体主要合金元素，没有观测到非晶态物质衍射峰。从相组成可以看出，电解液中的 SiO_3^{2-} 在微弧氧化过程中发挥着重要作用。微弧氧化的工作区域属于高压放电区，产生的电场强度很高，溶液中的阴离子很容易被吸引到放电通道中，与高温下熔化的基体金属元素相融合，发生化学反应，最终形成微弧氧化膜层各种化合物[13,14]。

图 4-4 所示为试样微弧氧化封孔前后截面形貌图。从图中可以看出微弧氧化层与基体结合界面成小波浪状，但没有明显裂纹或者孔洞等缺陷，这说明膜层与基体结合紧密。封孔后，微弧氧化层更紧致光滑。在不同地方测量膜层厚度并取平均值作为膜层的平均厚度，得出微弧氧化并封孔后膜层厚度约 2. 29μm，稍厚于封孔前的 1. 92μm。

4.3.2　电化学实验结果

图 4-5 所示为 AZ31 镁合金微弧氧化封孔前（MAOW）后（MAOF）在 3. 5%

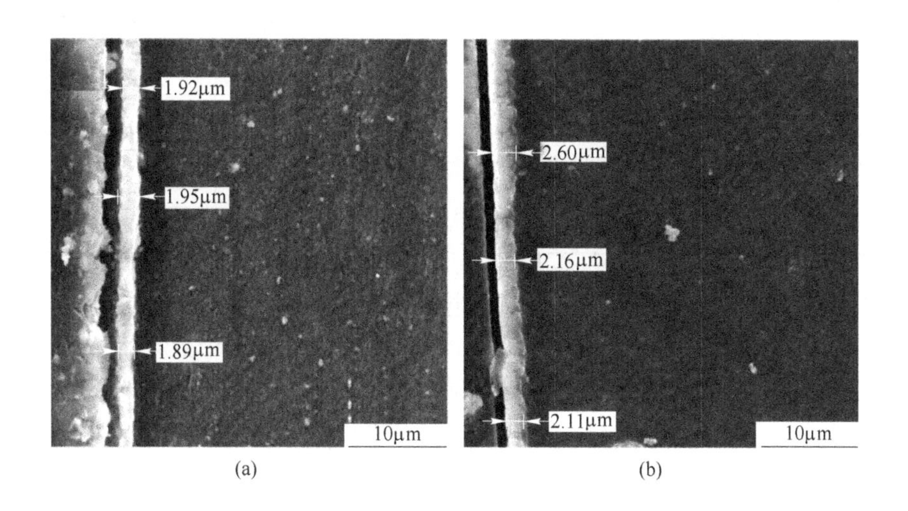

(a)　　(b)

图 4-4　微弧氧化试样封孔前后截面形貌
（a）封孔前；（b）封孔后

NaCl（质量分数）溶液和 3.5% Na_2SO_4（质量分数）溶液中的动电位极化曲线。试样在不同环境下极化曲线的阴极分支整体趋势相近，遵循塔菲尔（Tafel）规律，采用 Tafel 外推法分析计算，分析结果见表 4-1。微弧氧化封孔前，虽然试样在 NaCl 溶液中的自腐蚀电位比在 Na_2SO_4 溶液中大约 44mV，但是其自腐蚀电流密度要比后者大一个数量级。封孔处理后，前者比后者的自腐蚀电位大了 74mV，但前者的自腐蚀电流密度是后者的约 2 倍。整体看来封孔前后，试样在 NaCl 溶液中的耐蚀性比 Na_2SO_4 溶液中差。

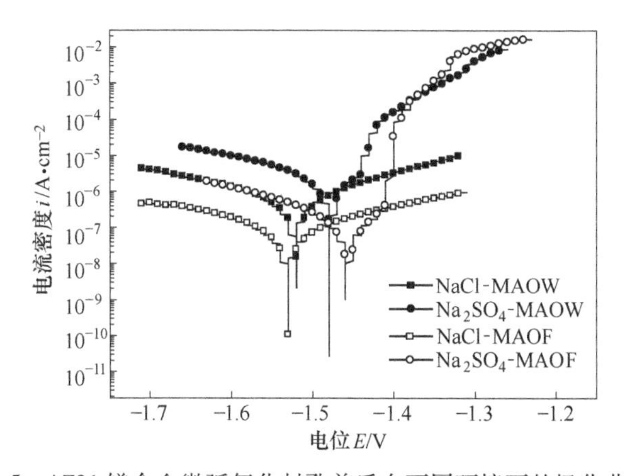

图 4-5　AZ31 镁合金微弧氧化封孔前后在不同环境下的极化曲线

表 4-1　AZ31 镁合金微弧氧化封孔前（MAOW）后（MAOF）在不同环境下的电化学测试结果

试样及环境	E_{corr}/V	i_{corr}/A · cm^{-2}
MAOW Na_2SO_4 溶液	−1.522	8.060×10^{-7}
MAOW NaCl 溶液	−1.478	1.171×10^{-6}
MAOF Na_2SO_4 溶液	−1.531	1.748×10^{-7}
MAOF NaCl 溶液	−1.457	3.348×10^{-7}

同种溶液相比，两种试样的自腐蚀电位相近，但封孔后试样的自腐蚀电流降低了。Na_2SO_4 溶液中降低了 4~5 倍，NaCl 溶液中降低了一个数量级。这说明封孔处理后材料的电化学性能优于未封孔试样。

与 2.3.2 节中镁合金基体的电化学测试结果相比，微弧氧化封孔前后试样在 NaCl 和 Na_2SO_4 溶液中的自腐蚀电位升高，自腐蚀电流降低了 2~3 个数量级。也就是说，微弧氧化和封孔处理均可以使试样的耐蚀性能明显改善，后者比前者效果稍好。

4.3.3　应力腐蚀实验结果

AZ31 镁合金微弧氧化封孔前后在空气、3.5% NaCl（质量分数）溶液和 3.5% Na_2SO_4（质量分数）溶液中的慢拉伸应力-应变曲线如图 4-6 所示。可以看出，微弧氧化封孔前后试样在三种不同环境中的最大应力-应变曲线依次降低，尤其是在腐蚀介质中。而且，封孔处理后试样的慢拉伸性能优于未封孔试样。

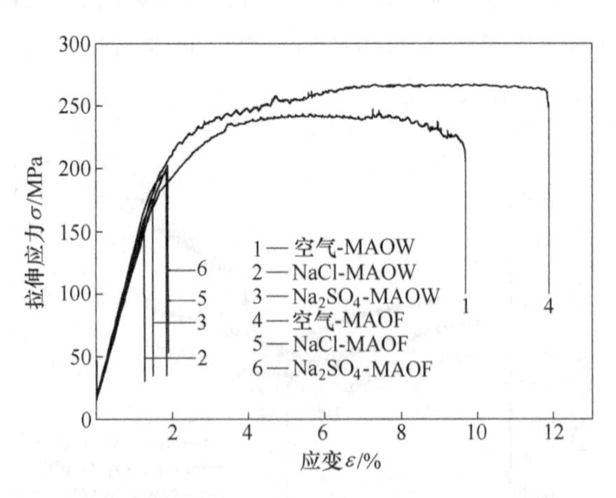

图 4-6　AZ31 镁合金微弧氧化封孔前后在不同环境下的慢拉伸应力-应变曲线

与第 2 章 AZ31 镁合金在相应环境下的慢拉伸应力-应变曲线（见图 2-5）相比，微弧氧化封孔前后试样在空气中的极限抗拉强度下降，以最大伸长率的下降尤为显著，表明微弧氧化及封孔处理对试样在空气中的慢拉伸性能无益。在腐蚀环境下，微弧氧化封孔前后试样的极限抗拉强度增大，但最大伸长率是减小的，这种现象与文献［4］中相同。

整体看来，微弧氧化封孔处理试样应力腐蚀性能趋势与第2章AZ31镁合金基体保持一致：应力腐蚀敏感性由空气到腐蚀介质依次增大。不同的是，与第2章镁合金基体（见图2-5）相比：（1）在空气中，微弧氧化后试样的最大应力和最大应变均降低，表明微弧氧化后试样在空气中的应力腐蚀性能并没有得到提高；（2）在腐蚀介质中，试样的最大应力增大，表明微弧氧化后AZ31镁合金应力腐蚀性能有所改善。

为定量分析微弧氧化及封孔处理对AZ31镁合金应力腐蚀性能的影响，采用与第2章相同的分析方法，分别计算了其在空气、3.5% NaCl（质量分数）溶液和3.5% Na_2SO_4（质量分数）溶液中的慢拉伸应力腐蚀敏感性相关参数：断裂时间（time-to-fracture，t_f）、断裂延伸率（elongation-to-fracture，ε_f）、断面收缩率（reduction of area，r_a）和极限拉伸强度（ultimate tensile strength，σ_{UTS}），并与AZ31镁合金基体性能进行对比分析，如图4-7所示。

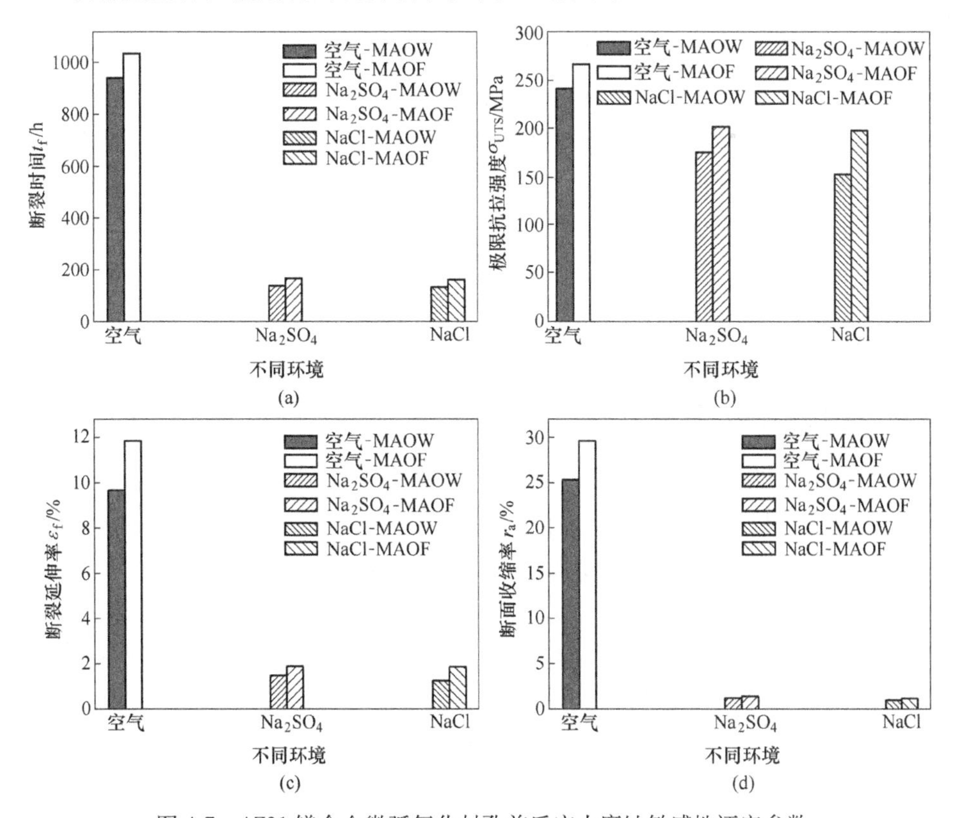

图4-7 AZ31镁合金微弧氧化封孔前后应力腐蚀敏感性评定参数

（a）断裂时间（t_f）；（b）极限抗拉强度（σ_{UTS}）；（c）断裂延伸率（ε_f）；（d）断面收缩率（r_a）

微弧氧化试样封孔前后在空气中的断裂时间 t_f、断裂延伸率 ε_f、断面收缩率 r_a 和断裂应力 σ_{UTS} 分别为 941. 24h（约 39. 22 天）和 1036. 26h（约 43. 18 天，比前者长约 3. 96 天）、9. 68% 和 11. 87%、25. 34% 和 29. 26%、242. 53MPa 和 266. 74MPa。可以看出，微弧氧化试样封孔处理后的应力腐蚀性能优于封孔前。与第 2 章 AZ31 镁合金应力腐蚀性能相比，微弧氧化封孔前后虽然试样应力腐蚀断裂时间比基体的 676h（约 28. 16 天）长些，但其断裂延伸率 ε_f、断面收缩率 r_a 和极限抗拉强度 σ_{UTS} 均比后者低。这主要是由于微弧氧化涂层的施加对基体的约束作用使得合金材料的变形能力减弱，而微弧氧化涂层具备一定耐蚀能力，从而延长了试样断裂时间。但其他参数的减小，尤其是极限抗拉强度 σ_{UTS} 和材料塑性损伤指标（ε_f 和 r_a）减小（相似现象在文献［5，15］中也被观察到），因为微弧氧化处理后试样表面微裂纹或龟裂等缺陷会较早产生，从而降低材料的延性。微弧氧化及封孔处理对 AZ31 镁合金在空气中的慢拉伸性能并未发挥积极作用，与 AZ61 镁合金等离子体电解氧化涂层的效果及评价依据一致[4,6]。

微弧氧化封孔前后试样在 Na_2SO_4 和 NaCl 溶液中的慢拉伸应力腐蚀性能明显低于空气中的，封孔的影响与空气中的趋势相同：封孔后优于封孔前。这主要是由于封孔处理虽然不能彻底消除微弧氧化孔的存在，但可以使孔的尺寸明显减小，提高涂层质量和耐蚀性能，增强封孔试样对周围腐蚀介质的抗腐蚀能力。两种腐蚀介质相比，试样在 Na_2SO_4 溶液中的应力腐蚀敏感性参数均高于 NaCl 溶液，尤其是封孔处理前。一方面，与 Cl^- 较强的侵蚀性能密切相关。另一方面，封孔处理后，涂层耐蚀性提高，缩短了不同腐蚀介质不同侵蚀性离子带来的差异。与第 2 章 AZ31 镁合金基体相比，微弧氧化封孔前后试样的上述应力腐蚀敏感参数均增大，表明微弧氧化及封孔处理可以改善 AZ31 镁合金在腐蚀介质中的应力腐蚀开裂性能。

4.3.4 试样侧面腐蚀形貌

图 4-8 所示为 AZ31 镁合金微弧氧化封孔前（见图 4-8（a））后（见图 4-8（b））在空气中慢拉伸实验后的表面形貌。可以看出，试样表面均出现垂直于受力方向的条纹，但并未发现腐蚀现象。其中，未封孔处理试样表面条纹更明显，已经被撕裂。根据 4. 3. 3 节应力腐蚀实验结果，封孔处理后试样的断裂时间要比之前的长 3 天左右，极限抗拉强度也比封孔前的稍大，进一步证实封孔处理对试样确实具有一定的保护作用。

图 4-9 所示为 AZ31 镁合金微弧氧化封孔前后在不同腐蚀环境下慢拉伸实验后表面形貌。图 4-9（a）~（d）所示分别为封孔前后试样在 3. 5% NaCl（质量分数）溶液和 3. 5% Na_2SO_4（质量分数）溶液中慢拉伸实验后的表面腐蚀形貌。可以看出，封孔前后试样表面均发生腐蚀，在慢拉伸应力的作用下，表面还出现

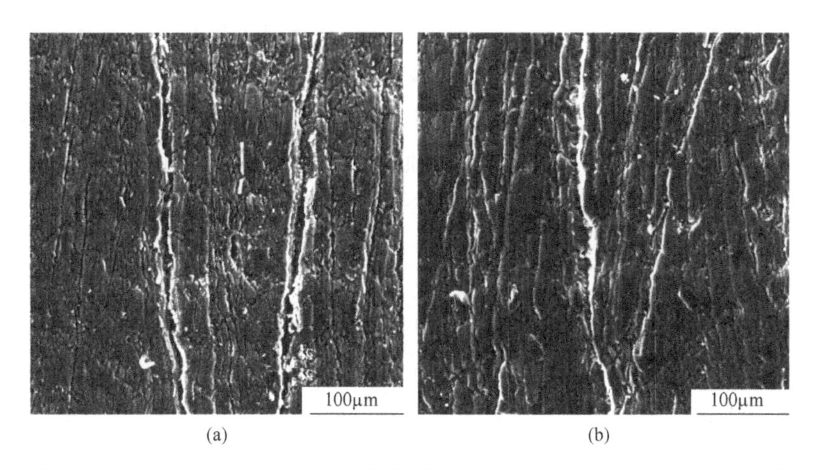

图 4-8 慢拉伸实验后试样微弧氧化封孔前（a）后（b）空气中的表面形貌

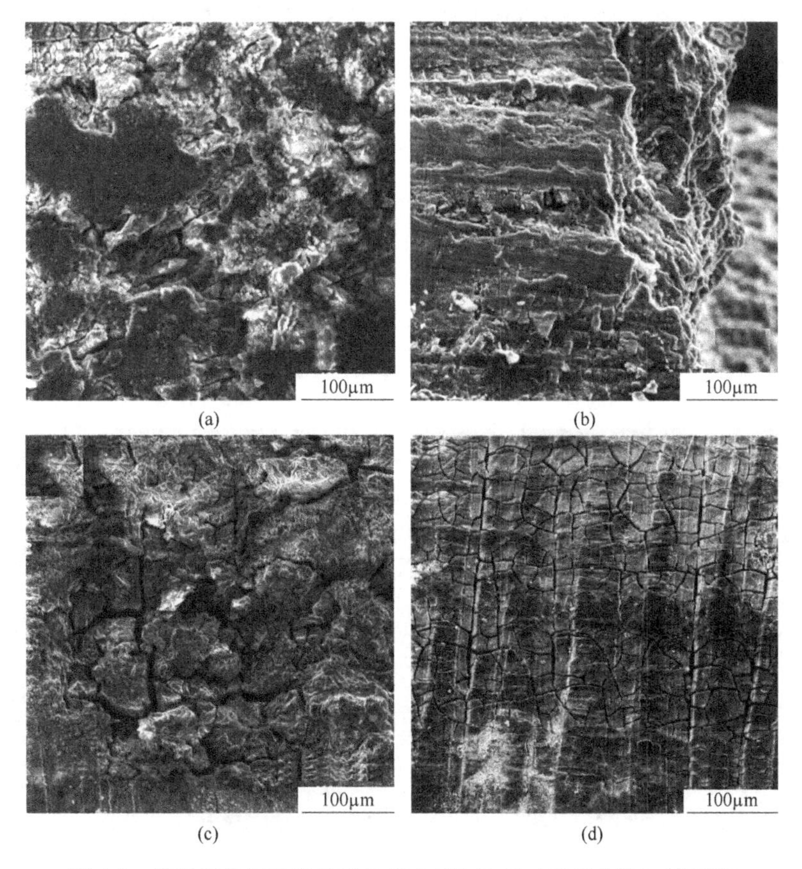

图 4-9 微弧氧化封孔前后试样在 3.5% NaCl（质量分数）溶液和 3.5% Na_2SO_4（质量分数）溶液中慢拉伸实验后的表面腐蚀形貌

（a）封孔前，NaCl 溶液；（b）封孔前，Na_2SO_4 溶液；（c）封孔后，NaCl 溶液；（d）封孔后，Na_2SO_4 溶液

开裂现象。整体看来，封孔后试样表面腐蚀程度稍弱于封孔前。试样涂层表面出现大量龟裂现象，但进一步深度方向的局部腐蚀不像封孔前那样严重。封孔前后试样在 NaCl 溶液中表面腐蚀程度均大于 Na_2SO_4 溶液。与第 2 章 AZ31 镁合金基体表面腐蚀形貌（见图 2-7）相比，腐蚀产物不再呈大量粉末状，这与微弧氧化后试样在腐蚀介质中应力腐蚀性能改善的结论一致。

4.3.5 试样的腐蚀类型

为进一步观察微弧氧化封孔前后试样在不同环境下腐蚀类型，按照 4.2.5 节的方法将试样表面腐蚀产物去除。图 4-10 所示为 AZ31 镁合金微弧氧化封孔前后在不同腐蚀环境下慢拉伸实验后去除腐蚀产物后的表面形貌。图 4-10（a）~（d）所示分别为微弧氧化封孔前后试样在 3.5% NaCl（质量分数）溶液和 3.5%

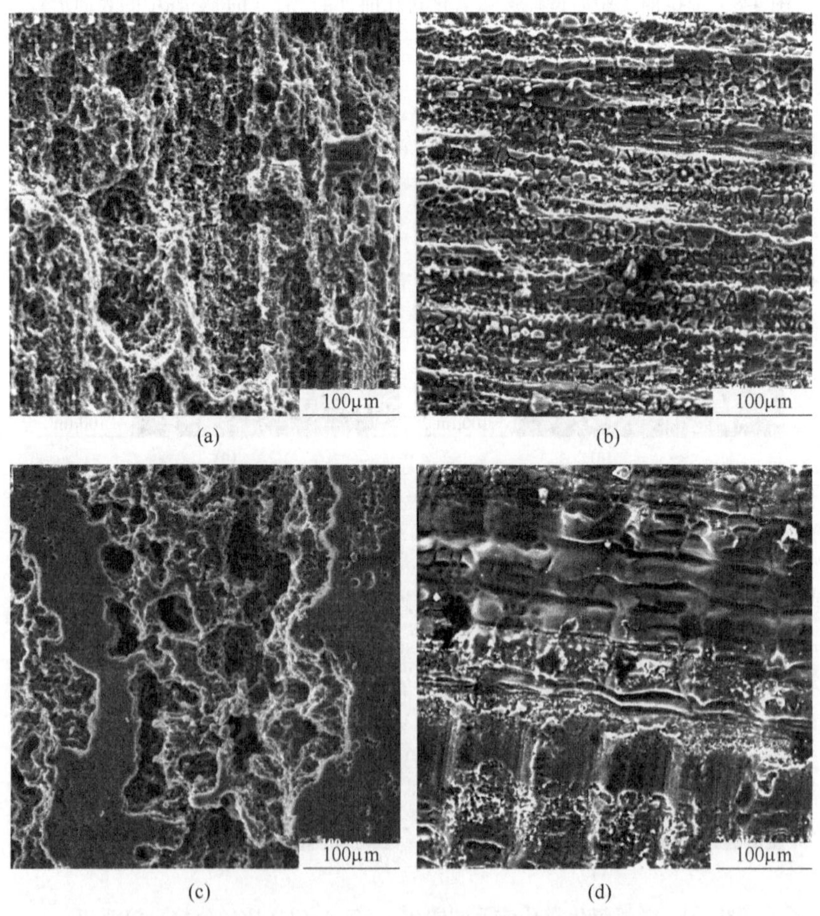

图 4-10 微弧氧化封孔前后试样在 3.5% NaCl（质量分数）溶液和 3.5% Na_2SO_4（质量分数）溶液环境下慢拉伸实验后的表面去除腐蚀产物形貌

（a）封孔前，NaCl 溶液；（b）封孔前，Na_2SO_4 溶液；（c）封孔后，NaCl 溶液；（d）封孔后，Na_2SO_4 溶液

Na_2SO_4（质量分数）溶液中去除腐蚀产物后的表面形貌。可以看出，微弧氧化封孔前后试样在 NaCl 和 Na_2SO_4 溶液环境下的腐蚀类型明显不同。同一腐蚀介质下，封孔前后试样的腐蚀类型相同，只是腐蚀严重程度不同，与相应环境下镁合金基体的腐蚀类型相似（见图 2-9 和图 2-10）。这说明微弧氧化处理不会改变 AZ31 镁合金与 Cl^- 和 SO_4^{2-} 的反应机理，因为微弧氧化表面陶瓷膜层是在基体表面原位生成的。

从图 4-10（a）可以看出，试样微弧氧化处理后在 NaCl 溶液中受 Cl^- 较强穿透性能的影响，仍发生点蚀。在 Na_2SO_4 溶液中的腐蚀痕迹（见图 4-10（b））与基体（见图 2-10）一致，仍呈条状。结合 4. 3. 3 节应力腐蚀实验结果，表明这种条状腐蚀的危害性是不可忽视的。

封孔处理后，试样表面腐蚀类型并没有改变。NaCl 溶液（见图 4-10（c））环境下，试样表面除了有点蚀坑存在还有少量光滑表面。Na_2SO_4 溶液中（见图 4-10（d）），试样表面条状腐蚀痕迹的间距变大，腐蚀程度减弱。这是由于封孔处理改善了材料的耐蚀性能，与应力腐蚀实验结果一致。

4.3.6 应力腐蚀开裂断口观察

AZ31 镁合金经微弧氧化及封孔处理前后在空气中的慢拉伸试样断口，如图 4-11 所示。图 4-11（a）和（b）所示分别为封孔前 AZ31 镁合金微弧氧化试样在空气下慢拉伸实验后断口形貌和断裂特征。从图 4-11（a）可以看出，微弧氧化断口表面凹凸不平，有多处裂纹萌生源（见图 4-11（a）中椭圆区），还有一些韧窝，这与图 2-11 中镁合金基体断口特征相同。放大其中一个萌生源 A 区，可观察到，裂纹源边缘较光滑，没有出现腐蚀痕迹。将图 4-11（a）中矩形区放大，如图 4-11（b）所示，断口韧窝特征表明材料具有一定韧性，但这些韧窝尺寸较小，深度较浅。图 4-11（c）和（d）所示分别为封孔后 AZ31 镁合金微弧氧化试样在空气下慢拉伸实验后断口形貌和断裂特征。可以看出，封孔处理后试样的断口表面与未封孔的一样，凹凸不平，裂纹萌生源有好几处（见图 4-11（d）中椭圆区，放大 C 区），还有延性断裂特征韧窝出现。由封孔前后裂纹萌生区（见图 4-11（a）和（c））综合分析，裂纹萌生表面不但光滑，还出现了一些尺寸较小的解理面和台阶。因此，可以得出，微弧氧化及封孔处理不会改变应力腐蚀试样的混合型断裂方式，与第 2 章 AZ31 镁合金基体相同。

图 4-12 所示为 AZ31 镁合金微弧氧化封孔前后试样在 3. 5% NaCl（质量分数）溶液（见图 4-12（a）和（c））和 3. 5% Na_2SO_4（质量分数）溶液（见图 4-12（b）和（d））中的慢拉伸试样断口形貌。可以看出，试样断口表面虽不像空气中那样凹凸（这是腐蚀介质下材料应力敏感性增大的一大特点），但是也很不平整，存在大量二次裂纹和多处裂纹萌生源（这是应力腐蚀断口的典型特

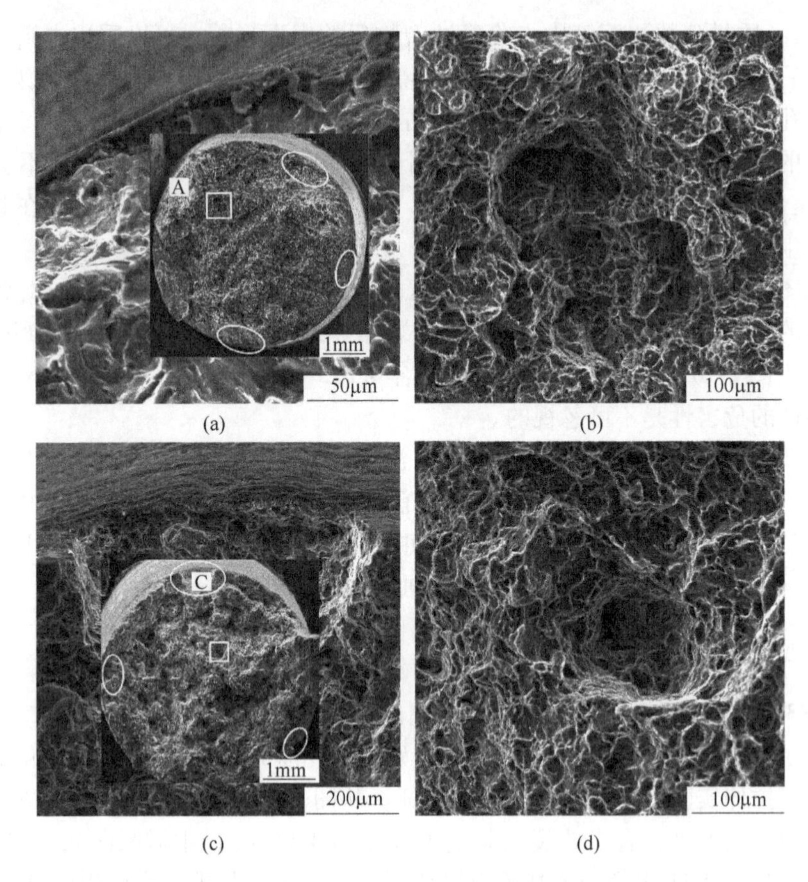

图 4-11　微弧氧化封孔前后试样在空气中的慢拉伸断口形貌及断裂特征

(a) 封孔前，慢拉伸断口；(b) 封孔前，慢拉伸断裂特征；

(c) 封孔后，慢拉伸断口；(d) 封孔后，慢拉伸断裂特征

征，如椭圆区)。试样表面没有出现空气中的韧窝现象，一定程度上说明，试样的断裂方式与周围腐蚀环境存在一定关系。

封孔处理前，试样在 NaCl 溶液环境下表面有一些腐蚀产物和大量二次裂纹，边缘有许多点蚀坑，是重要裂纹萌生源。图 4-12 (a) 所示为椭圆 A 区放大图。与第 2 章 AZ31 镁合金基体相比，点蚀坑尺寸明显减小，还未来得及聚集合并长大。与 NaCl 溶液相比，试样在 Na_2SO_4 溶液中的应力腐蚀断口边缘未观察到点蚀现象。取其中一个裂纹萌生源 B 区放大 (见图 4-12 (b))，可以看出，与镁合金基体相比，其表面腐蚀产物较少些。综合分析，不同环境下，微弧氧化试样的疲劳裂纹萌生源总是位于边缘处。边缘微弧氧化薄层在腐蚀环境作用下不断被腐蚀破坏，周围腐蚀液穿过这些腐蚀缺陷逐渐扩散至基体，直至整个试样断裂失效。

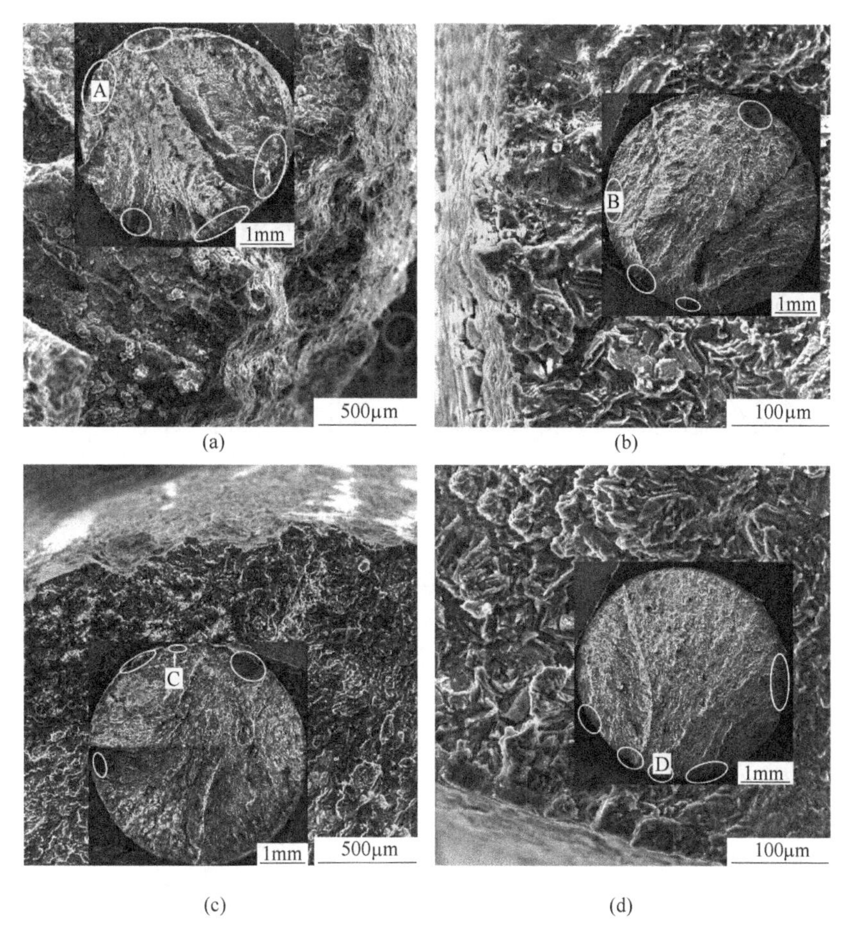

图 4-12 微弧氧化封孔前后试样在 3.5% NaCl（质量分数）溶液和 3.5% Na_2SO_4（质量分数）溶液环境下的慢拉伸断口形貌

（a）封孔前，NaCl 溶液；（b）封孔前，Na_2SO_4 溶液；（c）封孔后，NaCl 溶液；（d）封孔后，Na_2SO_4 溶液

封孔处理后，图 4-12（c）和（d）所示分别为取相应环境下棒状试样断口中的裂纹萌生源之一 C 区和 D 区的放大图。除了多处裂纹萌生源（见图 4-12 中椭圆区）和二次裂纹等共同特征，试样在 NaCl 溶液环境下仍存在点蚀，且点蚀坑尺寸与封孔前的相当。但封孔试样的断裂时间即服役时间却较长，可以推知封孔处理后试样点蚀反应有所减弱。在 Na_2SO_4 溶液环境下，封孔后试样裂纹萌生区腐蚀产物数量减小，试样边缘变光滑，受腐蚀环境的影响减小。两种环境下裂纹萌生源特征正是由于封孔处理增强了材料耐蚀性能，是封孔处理效果的一种体现。

图 4-13 所示为封孔前后 AZ31 镁合金微弧氧化试样在 3.5% NaCl（质量分数）溶液（见图 4-13（a）和（c））和 3.5% Na_2SO_4（质量分数）溶液（见图 4-13（b）和（d））溶液中的慢拉伸试样断裂特征。NaCl 溶液中，断口表面被腐

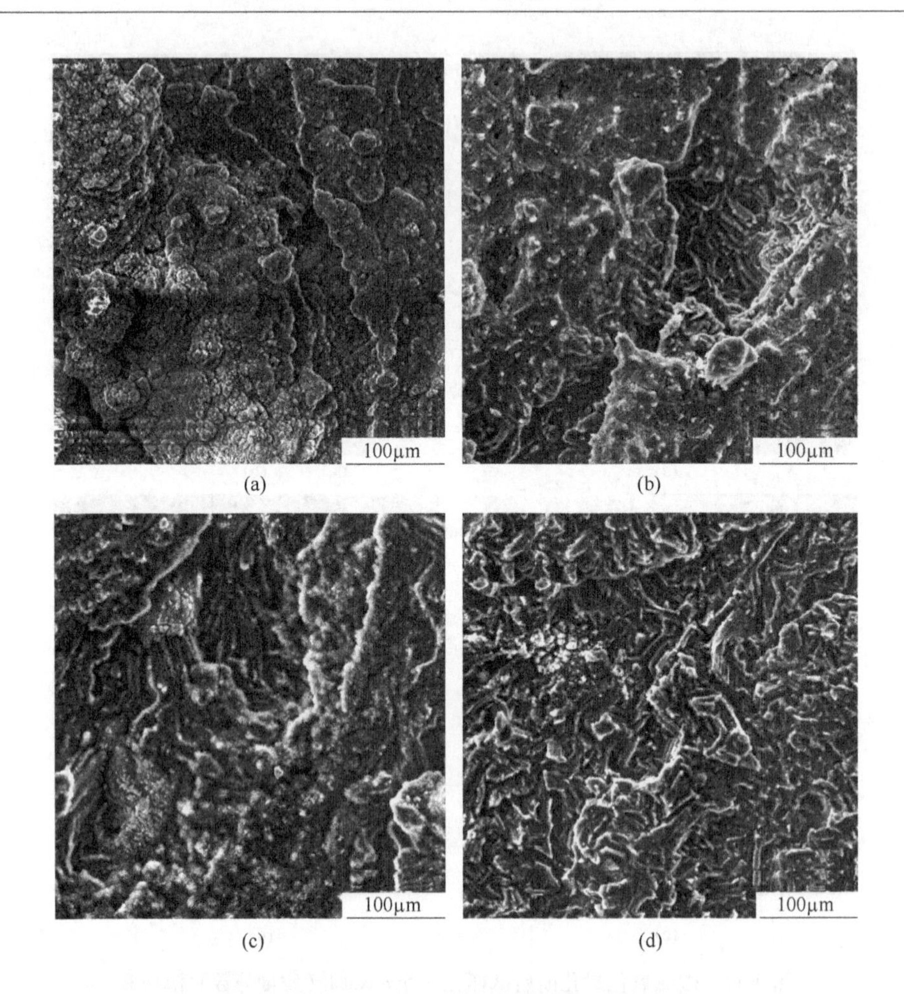

图 4-13　微弧氧化封孔前后试样在 3.5% NaCl（质量分数）溶液和 3.5% Na_2SO_4 溶液环境下的慢拉伸断裂特征

（a）封孔前，NaCl 溶液；（b）封孔前，Na_2SO_4 溶液；（c）封孔后，NaCl 溶液；（d）封孔后，Na_2SO_4 溶液

蚀产物覆盖，封孔前后腐蚀产物数量逐渐减少。相比之下，Na_2SO_4 溶液环境下，封孔前后，断口表面的腐蚀产物均较少，一方面是由于 SO_4^{2-} 的腐蚀性能相对较弱，另一方面与试样断裂发现及时性也紧密相关，及时发现可以快速将腐蚀液吸出，避免断口在腐蚀介质中长期浸泡。与空气中相比，不同之处在于，没有韧窝出现，但有大量二次裂纹和层片状结构，是封孔前后微弧氧化试样的共同断裂特征，是脆性解理断裂的主要特点。与镁合金基体在腐蚀介质下的断裂方式（见图 2-14）相同。表明微弧氧化及封孔处理不会改变 AZ31 镁合金应力腐蚀开裂断裂方式。但从应力腐蚀敏感性参数来看，与 AZ31 镁合金基体相比，试样在腐蚀介质下的 σ_{UTS} 均增大，表明微弧氧化及封孔处理后试样的应力腐蚀敏感性降低了。

综合分析，微弧氧化及封孔处理改善材料在腐蚀介质下的慢拉伸性能是通过影响其应力腐蚀开裂裂纹萌生动力学过程实现的。

4.4 讨论

为更好更直观的分析 AZ31 镁合金微弧氧化前后的应力腐蚀行为，本书中模拟了 AZ31 镁合金应力腐蚀过程（以 NaCl 腐蚀环境为例），如图 4-14~图 4-16 所示。

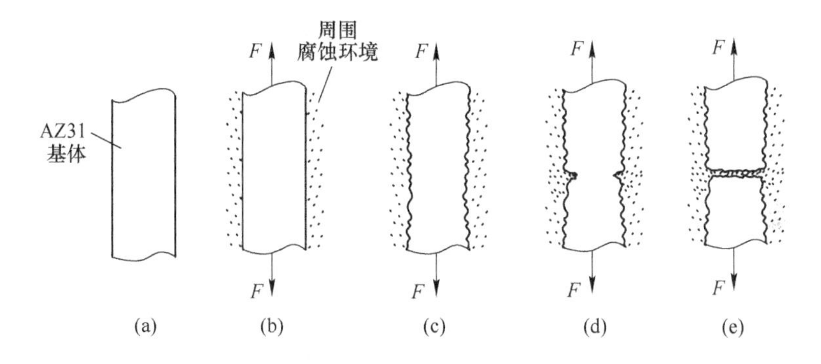

图 4-14　AZ31 镁合金基体在 3.5% NaCl（质量分数）溶液中的应力腐蚀过程示意图

图 4-14（a）所示主要为试样标距部分。应力腐蚀试验过程中，试样标距部分始终浸蚀于周围腐蚀环境中，同时，试样两端加载一定慢拉伸应力，如图 4-14（b）所示。金属镁及镁合金化学性质活泼，试样表面一旦与周围腐蚀环境接触就会立即发生腐蚀破坏，则试样表面凹凸不平，在 NaCl 腐蚀环境中半径小、穿透力强 Cl^-作用下，很容易在镁合金表面发生点蚀，形成点蚀坑，这点在本书第 2 章已经研究过，如图 4-14（c）所示。这些点蚀坑就成为最佳裂纹萌生源，在慢拉伸应力作用下，点蚀坑不断长大，即裂纹不断长大扩展，周围腐蚀环境则会不断向裂纹尖端渗透，使裂纹尖端的不断裸露出的新鲜金属表面不断被腐蚀破坏，裂纹不断向试样内部扩展长大，图 4-14（d）所示。直至试样最终断裂，图 4-14（e）所示。

图 4-15（a）所示为 AZ31 镁合金经过微弧氧化处理后未经封孔处理试样，试样表面有一层微弧氧化涂层，还有一些微弧氧化孔。应力腐蚀试验过程中，试样标距部分同样始终浸蚀于周围腐蚀环境中，同时，试样两端加载一定慢拉伸应力，如图 4-15（b）所示。这些微弧氧化孔很容易引起应力集中，成为最佳裂纹萌生源；此外，这些孔还是周围腐蚀环境渗入试样内部的重要通道，如图 4-15（c）所示。微弧氧化孔与周围腐蚀环境发生反应产生的腐蚀产物分布于试样表面，有覆盖表面微弧氧化孔、延迟断裂进程的作用，如图 4-15（d）所示；另一方面，微弧氧化层可提高 AZ31 镁合金耐蚀性能（见图 4-5）；综合作用，微弧氧化处理后 AZ31 镁合金应力腐蚀性能得到一定程度的改善（见图 4-6）。

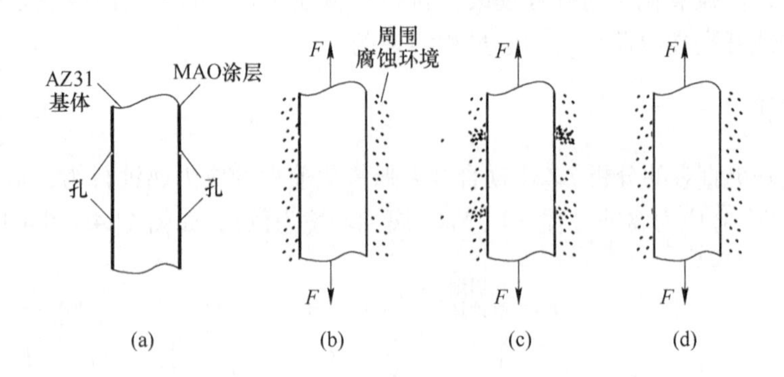

图4-15　微弧氧化处理后试样在3.5% NaCl（质量分数）溶液中的应力腐蚀过程示意图

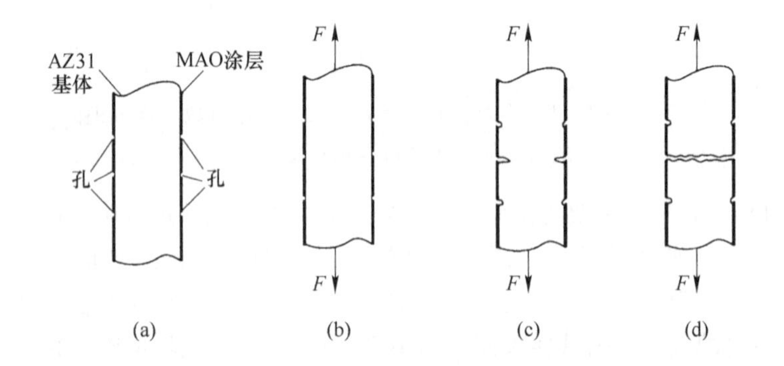

图4-16　微弧氧化处理后试样在空气中的应力腐蚀过程示意图

图4-16（a）所示为微弧氧化处理后镁合金在空气中的慢拉伸实验过程示意图，同上文，试样表面有一层微弧氧化涂层，还有一些微弧氧化孔。慢拉伸试验过程中，试样两端加载一定慢拉伸应力，如图4-16（b）所示。这些微弧氧化孔就很容易引起应力集中，成为裂纹萌生源，如图4-16（c）所示。随着时间的推移，这些孔不断向试样内部长大扩展，直至试样发生断裂破坏，如图4-16（d）所示。对比分析，在空气中，试样表面不再有腐蚀产物覆盖微弧氧化孔、延迟断裂的作用。因此，封孔处理后试样应力腐蚀性能要优于未封孔试样（见图4-6）。

综上所述，微弧氧化封孔处理后试样在空气、3.5% NaCl（质量分数）溶液和3.5% Na_2SO_4（质量分数）溶液中的抗应力腐蚀开裂能力要比未封孔的较强。但是与基体镁合金相比，微弧氧化及封孔处理还有腐蚀环境对材料应力腐蚀性能的影响尚需要进一步深入讨论。为此，需将相应环境下的应力腐蚀评定参数进行统计整理，见表4-2（空气）、表4-3（NaCl溶液）和表4-4（Na_2SO_4溶液）。

表 4-2　不同试样在空气中应力腐蚀实验评定参数统计

不同材料	断裂时间 t_f/h	断裂延伸率 ε_f/%	断面收缩率 r_a/%	极限抗拉强度 σ_{UTS}/MPa
AZ31 合金	676	22.73	35.99	276.23
MAOW	941.24	9.68	25.34	242.53
MAOF	1036.26	11.87	29.67	266.74

由表 4-2 可以看出，与第 2 章 AZ31 镁合金基体相比，微弧氧化及封孔处理后，虽然试样在空气中的断裂时间 t_f 长些，但是其余三个重要评价参数断裂延伸率 ε_f、断面收缩率 r_a 和极限抗拉强度 σ_{UTS}均降低，以封孔前的下降量较大。Bala Srinivasan 等人[4,6]在相关研究中表明，材料的塑性损失和断裂应力是评价其应力腐蚀敏感性的最重要参数（下面重点用断裂延伸率 ε_f、断面收缩率 r_a 和极限抗拉强度 σ_{UTS}进行评定）。综合分析表明微弧氧化及封孔处理对 AZ31 镁合金在空气中的应力腐蚀性能没有明显改善作用。

表 4-3　不同试样在 3.5% NaCl（质量分数）溶液中应力腐蚀实验评定参数统计

不同材料	断裂时间 t_f/h	断裂延伸率 ε_f/%	断面收缩率 r_a/%	极限抗拉强度 σ_{UTS}/MPa
AZ31 合金	163	1.95	1.02	31.39
MAOW	135.79	1.27	0.9	152.41
MAOF	160.35	1.85	1.03	197.45

表 4-4　不同试样在 3.5% Na_2SO_4（质量分数）溶液中应力腐蚀实验评定参数统计

不同材料	断裂时间 t_f/h	断裂延伸率 ε_f/%	断面收缩率 r_a/%	极限抗拉强度 σ_{UTS}/MPa
AZ31 合金	186.14	2.11	1.43	58.42
MAOW	140.17	1.49	1.10	175.54
MAOF	168.99	1.89	1.27	202.08

NaCl 溶液中（见表 4-3），与 AZ31 镁合金基体相比，虽然微弧氧化（尤其是封孔后）试样的断裂延伸率 ε_f、断面收缩率 r_a 和断裂时间 t_f 降低，但极限抗拉强度 σ_{UTS}显著增大。而断裂应力是实际工程应用中判断构件失效与否最直观最重要的参数。同样现象在 Na_2SO_4 溶液中也可以分析得出。因此，某种程度上讲，微弧氧化及封孔处理可以改善 AZ31 镁合金在两种腐蚀介质中的应力腐蚀性能。

4.4.1 微弧氧化及封孔处理对 AZ31 镁合金不同环境下应力腐蚀行为的影响

由上述分析可知，微弧氧化及封孔处理虽不能改善试样在空气中的应力腐蚀性能，但却有助于增强试样对腐蚀介质（NaCl 溶液和 Na_2SO_4 溶液）的抗应力腐蚀开裂能力。这与微弧氧化的涂层特征紧密相关。

根据微弧氧化原理，试样表面涂层是基体材料表面原位生成的陶瓷氧化层，厚度不大（小于 5μm）时，表面陶瓷膜层与基体具有良好结合力[16,17]。而且 4.3.1 节分析表明粗糙度的影响也可以予以忽略。因此，除了结合力和表面粗糙度的影响，涂层表面质量是探讨微弧氧化涂层防护性能的关键。

由 4.3.1 节涂层表面特征分析，微弧氧化处理后试样表面存在大量小孔，直径约 0.42μm。封孔处理不能是真正实现"封孔"，只是使小孔直径尽量减小，约 0.23μm。空气中，在拉伸应力作用下，这些小孔处很容易产生应力集中，随着实验的进行，不断被撕裂拉开形成微裂纹，成为应力腐蚀裂纹最佳萌生源。因此，微弧氧化及封孔处理对试样在空气中的应力腐蚀性能是不利的。

但在腐蚀介质中，理论上，微弧氧化后的小孔是腐蚀介质渗入的重要通道。实际上，随着腐蚀反应的发生，腐蚀产物形成并覆盖于试样表面。封孔处理后试样表面的孔径和数量少，更易于填充。从而使微弧氧化及封孔处理后试样的耐蚀性提高，与电化学实验结果吻合。因此，在腐蚀介质中，微弧氧化及封孔处理一定程度上可以起到保护基体的作用[18~21]，后者效果尤为显著。

断口方面，微弧氧化处理后 AZ31 镁合金在空气和腐蚀环境中的断裂机理是不同的，分别为混合型断口和解理断口[22]。如图 4-11 ~ 图 4-13 所示，空气中，试样断口表面凹凸不平，还有一些韧窝，表明材料具有一定韧性，但这些韧窝尺寸较小，深度较浅。断口表面还有一些尺寸较小的解理面和台阶，属于混合型断口。而在腐蚀环境下，试样断口表面相对平整、无韧窝，除了腐蚀产物还包含大量二次裂纹等解理断裂特征。而环境一定时，与第 2 章 AZ31 镁合金基体断裂机理一致。这表明微弧氧化处理对镁合金断裂机理几乎没有影响。而是由于周围腐蚀环境的存在，加速镁合金表面裂纹萌生及扩展速度，材料表面较浅韧窝等来不及形成，就迅速断裂了。可见，材料本性和腐蚀断裂时间是影响材料断裂机理的重要因素[18~22,23]。

4.4.2　腐蚀介质对微弧氧化 AZ31 镁合金不同环境下应力腐蚀行为的影响

虽然微弧氧化及封孔处理使试样在腐蚀介质中的耐蚀性得以提高，但是与空气中相比，试样的应力腐蚀敏感性依然存在，试样封孔前对 NaCl 溶液的敏感性要大于 Na_2SO_4 溶液，封孔后这一差距有所减小。这是由于不同腐蚀介质与微弧氧化层间的作用机理不同。除了上述与微弧氧化及封孔试样表面孔的特征（尺寸和数量）有关外，还与周围腐蚀介质种类有关，两种参量间需要一定的匹配性。

根据微弧氧化封孔前后试样在腐蚀介质下慢拉伸表面去除腐蚀产物前后形貌及断口特征，试样在 NaCl 溶液中发生点蚀，慢拉伸实验过程中，这些点蚀坑在腐蚀介质中沿着慢拉伸应力方向不断以"被撕裂"方式加快长大、合并，这一过程类似于"揠苗助长"，直至长大到足够尺寸，成为应力腐蚀开裂萌生源。但与 AZ31 镁合金基体相比，这些点蚀坑的尺寸明显减小，正是由于微弧氧化处理后试样表面形成致密的耐蚀的陶瓷膜层。

而在 Na_2SO_4 溶液中，试样表面呈现条状腐蚀特征，随着封孔处理的进行，这些条状间隙不断增大。与基体相比，这些条状腐蚀痕迹间还出现了龟裂现象，一方面是由于涂层本身的硬脆特征，另一方面是由于周围 Na_2SO_4 腐蚀液的不断侵蚀和渗透，再加上应力的作用。

周围腐蚀液（NaCl 溶液和 Na_2SO_4 溶液）进入基体前，需要花费大量时间和战斗力穿过微弧氧化涂层，点蚀、龟裂和条状腐蚀痕迹是两者间相互抗争的结果。只有当消耗掉表面微弧氧化层，周围腐蚀溶液才能渗入基体，进而引发应力腐蚀开裂。在这一过程中，NaCl 溶液比 Na_2SO_4 溶液侵蚀性强，加速基体新鲜表面的裸露和应力腐蚀开裂的发生。

此外，腐蚀环境的影响还体现在断口的断裂方式方面。在慢拉伸应力和周围腐蚀介质作用下，断口裂纹一旦萌生，周围腐蚀液便会源源不断向基体内部扩散，不断与露出的新鲜镁合金表面发生化学反应，加速裂纹不断向前推进和整个试样失效过程，减小了空气环境下断口表面韧窝特征的出现概率，使断口的脆性特征更加显著。这与 4. 3. 6 节应力腐蚀开裂断口观察结果相符。

表 4-5 所列为几种表面处理方式及实验环境等对镁合金应力腐蚀性能的影响对比分析[4,6,12,15,23,24]。可以看出，镁合金在腐蚀环境下的应力腐蚀性能（以 σ_{UTS}参数为例）明显恶化，如在 NaCl 溶液环境下，AZ31 镁合金 σ_{UTS}从空气中的 276. 23MPa 快速降低至 31. 39MPa。经 MAO 和 PEO 处理后，应力腐蚀性能得以改善（以腐蚀环境下更明显），如 AZ31 镁合金经 MAO 处理后，在 NaCl 溶液环境下，σ_{UTS}从 31. 39MPa（处理前）提高至 197. 45MPa（处理后）；AM50 镁合金经 PEO 处理后，在 ASTM D1384 溶液环境下，σ_{UTS}从 105MPa（处理前）提高至 160MPa（处理后）。综上，镁合金应力腐蚀性能可以通过表面处理等方式进行改善，这对镁合金材料的发展及可靠应用具有重要意义。

表 4-5　表面处理和周围环境对镁合金应力腐蚀性能的影响对比分析（应变速率为 $10^{-6}s^{-1}$）

材料	试样类型	实验环境	σ_{UTS}/MPa
AZ31 合金[12,23]	基体	空气	276. 23
		NaCl 溶液	31. 39
		Na_2SO_4 溶液	58. 42
	MAO 试样	空气	266. 74
		NaCl 溶液	197. 45
		Na_2SO_4 溶液	202. 08

续表 4-5

材料	试样类型	实验环境	σ_{UTS}/MPa
Mg-4Zn-0.6Zr-0.4Sr 镁合金[24]	基体	空气	246.98
		m-SBF	197.79
	MAO 试样	*m*-SBF	208.66
	MAO+PLGA 试样	*m*-SBF	233.38
AM50 合金[15]	基体	空气	200
	PEO-试样	空气	180
	基体	ASTM D1384 溶液	105
	PEO-试样	ASTM D1384 溶液	160
AZ61 合金[6]	基体	空气	320
	PEO-试样	空气	320
	基体	ASTM D1384 溶液	215
	PEO-试样	ASTM D1384 溶液	245
AZ61 FSW 合金[4]	FSW 试样	空气	300
	FSW-PEO 试样	空气	290
	FSW 试样	ASTM D1384 溶液	150
	FSW-PEO 试样	ASTM D1384 溶液	190

注：MAO：微弧氧化；PLGA：聚乳酸-羟基乙酸共聚物；PEO：等离子体电解氧化；FSW：搅拌摩擦焊；*m*-SBF：模拟人体环境；ASTM：美国材料与试验协会。

4.5 小结

（1）与基体 AZ31 镁合金相比，微弧氧化封孔前后试样在 NaCl 溶液和 Na_2SO_4 溶液中的自腐蚀电位升高，自腐蚀电流降低了 2~3 个数量级，耐蚀性明显提高。但微弧氧化后试样在 NaCl 溶液中的耐蚀性还是比 Na_2SO_4 溶液中弱。而同种腐蚀环境下，封孔处理后试样的耐蚀性更好，表明微弧氧化尤其是封孔处理确实可以改善 AZ31 镁合金的电化学性能。

（2）微弧氧化试样的应力腐蚀性能与 AZ31 镁合金基体保持趋势性一致：应力腐蚀敏感性由空气到腐蚀介质依次增大。但环境不同，作用效果不同。1）微弧氧化层表面存在大量孔状缺陷，这些缺陷成为空气中慢拉伸裂纹最佳形核位置，此时微弧氧化层无益于改善 AZ31 镁合金的慢拉伸性能。2）在腐蚀介质中，微弧氧化层表面孔被腐蚀产物覆盖，再加上其优良的耐蚀性能，微弧氧化试样在腐蚀介质下的应力腐蚀敏感性相对镁合金基体显著改善。

（3）微弧氧化层与不同腐蚀介质作用机理不同。微弧氧化试样在 NaCl 溶液中发生点蚀，在 Na_2SO_4 溶液中发生较均匀的条状腐蚀，与 AZ31 镁合金基体相同。封孔处理后这些腐蚀特征有所减小，但本质不会改变。这主要是由于微弧氧化表面陶瓷膜层的原位形成方式，其主要成分 MgO 是镁合金表面常见氧化物。

（4）从慢拉伸断口裂纹萌生及断裂特征分析，与镁合金基体相比，微弧氧化封孔前后试样的慢拉伸裂纹萌生机制及断裂方式并未发生改变，在空气中属于混合型断裂方式，在腐蚀介质中属于脆性解理断裂。

参 考 文 献

[1] Zhang Y K, You J, Lu J Z, et al. Effects of laser shock processing on stress corrosion cracking susceptibility of AZ31B magnesium alloy [J]. Surface and Coatings Technology, 2010, 204 (24): 3947~3953.

[2] 尤建. 激光冲击强化处理 AZ31B 镁合金抗应力腐蚀性能研究 [D]. 镇江: 江苏大学, 2010.

[3] Bala Srinivasan P, Liang J, Blawert C, et al. Environmentally assisted cracking behaviour of plasma electrolytic oxidation coated AZ31 magnesium alloy [J]. Corrosion Engineering, Science and Technology, 2011, 46 (6): 706~711.

[4] Bala Srinivasan P, Zettler R, Blawert C, et al. A study on the effect of plasma electrolytic oxidation on the stress corrosion cracking behaviour of a wrought AZ61 magnesium alloy and its friction stir weldment [J]. Materials Characterization, 2009, 60 (1): 389~396.

[5] Bala Srinivasan P, Blawert C, Dietzel W, et al. Stress corrosion cracking behaviour of a surface-modified magnesium alloy [J]. Scripta Materialia, 2008, 59 (1): 43~46.

[6] Bala Srinivasan P, Blawert C, Dietzel W. Effect of plasma electrolytic oxidation coating on the stress corrosion cracking behavior of wrought AZ61 magnesium alloy [J] . Corrosion Science, 2008, 50 (8): 2415~2418.

[7] 张勇, 陈跃良, 郁大照, 等. 微弧氧化对 AZ91D 镁合金力学性能的影响 [J]. 中国腐蚀与防护学报, 2010, 30 (3): 222~226.

[8] 余刚, 刘跃龙, 李瑛, 等. Mg 合金的腐蚀与防护 [J]. 中国有色金属学报, 2002, 12 (6): 1088~1098.

[9] Nitin P W, Jyothirmayi A, Sundararajan G. Influence of prior corrosion on the high cycle fatigue behavior of microarc oxidation coated 6061-T6 Aluminum alloy [J]. International Journal of Fatigue, 2011, 33: 1268~1276.

[10] Wang X S, Guo X W, Li X D, et al. Effect of different micro-arc oxidation coating layer types on fatigue life of 2024-T4 alloy [C]. 13th International Conference on Fracture, Beijing, China, 2013: 16~21.

[11] Fernanda P, Enrico J G, Laís T D, et al. Fatigue Behavior and Physical Characterization of Surface-modified Ti-6Al-4V ELI Alloy by Micro-Arc Oxidation [J]. Materials Research, 2012, 15 (2): 305~311.

[12] He X L, Liang H Y, Yan Z F, et al. Stress corrosion cracking behavior of micro-arc oxidized AZ31 alloy [J]. Proceedings of the Institution of Mechanical Engineers, Part C: Journal of Mechanical Engineering Science, 2020, 234 (8): 1640~1652.

[13] Yerokhin A L, Lyub Imov V V, Ash Itkov R V, et al. Phase formation in ceramic coatings during plasma electrolytic oxidation of aluminium alloys [J]. Ceramic International, 1998, 24: 1~6.

[14] 梁军，郭宝刚，田军，等．AM60B 镁合金微弧氧化膜层的结构与性能研究 [J]. 材料科学与工艺，2007, 15 (3): 309~312.

[15] Bala Srinivasan P, Blawert C, Dietzel W. Effect of plasma electrolytic oxidation treatment on the corrosion and stress corrosion cracking behaviour of AM50 magnesium alloy [J]. Materials Science and Engineering A, 2008, 494: 401~406.

[16] Sabrina A K, Yukio M, Yoshiharu M, et al. Effect of anodized layer thickness on fatigue behavior of magnesium alloy [J]. Materials Science and Engineering A, 2008, 474: 261~269.

[17] Sabrina A K, Yukio M, Yoshiharu M, et al. Fatigue behavior of anodized AM60 magnesium alloy under humid environment [J]. Materials Science and Engineering A, 2008, 498: 377~383.

[18] Yoshihiko U, Toshifumi K, Masaki N. Stress corrosion cracking behavior of the wrought magnesium alloy AZ31 undercontrolled cathodic potentials [J]. Materials Science and Engineering A, 2012, 531: 171~177.

[19] Yoshihiko U, Toshifumi K, Masaki N. Hydrogen embrittlement type stress corrosion cracking behavior of wrought magnesium alloy AZ31 [J]. Procedia Engineering, 2011, 10: 578~582.

[20] Srinivasan P B, Riekehr S, Blawert C, et al. Mechanical properties and stress corrosion cracking behaviour of AZ31 magnesium alloy laser weldments [J]. Transactions Nonferrous Metals Society of China, 2011, 21: 1~8.

[21] Hakimi O, Aghion E, Goldman J. Improved stress corrosion cracking resistance of a novel biodegradable EW62 magnesium alloy by rapid solidification, in simulated electrolytes [J]. Materials Science and Engineering C 2015, 51: 226~232.

[22] Tian H Y, Wang X, Cui Z Y, et al. Electrochemical corrosion, hydrogen permeation and stress corrosion cracking behavior of E690 steel in thiosulfate-containing artificial seawater [J]. Corrosion Science, 2018, 144: 145~162.

[23] He X L, Yan Z F, Liang H Y, et al. Study on corrosion and stress corrosion cracking behaviors of AZ31 alloy in sodium sulfate solution [J]. Journal of Materials Engineering and Performance, 2017, 26 (5): 2226~2236.

[24] Chen L X, Sheng Y Y, Zhou H Y, et al. Influence of a MAO+PLGA coating on biocorrosion and stress corrosion cracking behavior of a magnesium alloy in a physiological environment [J]. Corrosion Science, 2019, 148: 134~143.

5 微弧氧化及封孔处理 AZ31 镁合金腐蚀疲劳防护性能

5.1 概述

镁合金化学性质活泼对周围环境非常敏感，第 3 章的研究表明，尤其是在含有强腐蚀性 Cl^- 和 SO_4^{2-} 的环境下，AZ31 镁合金的疲劳性能显著降低[1,2]。基于此，为拓展镁合金安全广泛应用，探索提高镁合金腐蚀疲劳性能的方法手段有重要实际意义。

阳极氧化作为一种传统的提高材料耐蚀性的方法，已被期待并开始应用于研究其提高合金材料的腐蚀疲劳性能。而当前阳极氧化更多的是应用于改善铝合金[3~8]和钛合金[9,10]的疲劳性能，对镁合金的应用少之又少。Sabrina 等人[11,12]采用 1μm、5μm 和 15μm 厚的阳极氧化涂层处理 AM60 镁合金，并研究其在不同湿度环境下的疲劳性能。结果表明，阳极氧化处理后，试样在高湿度下的疲劳强度有所提高。不同厚度对比分析，1μm 时，试样的疲劳强度达到最高。15μm 时，涂层表面缺陷增多，疲劳性能下降。作者建议涂层厚度最好小于 5μm。

普通阳极氧化的工作区域位于法拉第区域，而微弧氧化（micro-arc oxidation，MAO）则将工作区域引入到高压放电区域，其生成的陶瓷膜层综合性能得到很大提高，克服了普通阳极氧化的硬质缺陷，MAO 膜层结构致密、与基体结合紧密、耐蚀耐磨性能更高。未来 MAO 极有可能替代普通阳极氧化方法。将 MAO 应用于提高材料的疲劳性能必将成为一种发展趋势。目前，MAO 技术主要应用于对铝合金[13]和钛合金[14~16]腐蚀疲劳性能的研究，并取得一些令人可喜的成果。这不禁让人联想到，如果将 MAO 技术应用于对腐蚀环境非常敏感的镁合金，必将对镁合金材料的未来发展应用具有不可估量的推动作用。不仅可以改善工程结构件镁合金的疲劳性能，而且还可以应用于新型生物医用领域等多功能镁合金材料。但是截至目前，几乎没有 MAO 技术应用于镁合金腐蚀疲劳性能方面的研究。

因此，本书抓住机遇，采用 MAO 技术对常用挤压 AZ31 镁合金在不同环境下的腐蚀疲劳性能进行防护性研究。观察分析不同环境下，MAO 及封孔处理后 AZ31 镁合金的腐蚀疲劳性能。探讨 MAO 封孔处理前后，AZ31 镁合金在不同环境下的腐蚀疲劳裂纹萌生和扩展机制。

5.2 实验方法

5.2.1 实验材料及尺寸

实验材料为挤压 AZ31 镁合金棒材，化学成分和力学性能分别见表 2-1 和表 2-2。基体镁合金试样的标距长度为 40mm，标距直径为 6mm，详细几何尺寸如图 2-1 所示（螺纹尺寸应为 M12×1.5）。实验前试样需经打磨处理，与 2.2.1 节描述一致。

实验环境与 3.2.1 节中描述一致：空气（相对湿度 35%，25℃）、3.5% NaCl（质量分数）溶液（模拟海水，pH = 7±0.5）、3.5% Na_2SO_4（质量分数）溶液（大气典型酸雨环境代表，pH = 7±0.5）、齿轮油（API GL-4 SAE 75W-90，一种典型齿轮传动油）。

5.2.2 微弧氧化及封孔处理

微弧氧化处理前，试样需要用 800 号、1000 号、1500 号和 2000 号砂纸依次打磨，并用去离子水和丙酮清洗干净，吹干。微弧氧化及封孔处理过程见 4.2.2 节。

5.2.3 电化学实验

对微弧氧化及封孔处理后的试样进行电化学性能测试，腐蚀介质有：3.5% NaCl（质量分数）溶液和 3.5% Na_2SO_4（质量分数）溶液（pH = 7±0.5）。电化学测试系统及试样尺寸如 2.2.2 节所述。扫描速度为 1.0mV/s。

5.2.4 疲劳实验

如 3.2.3 节所述，疲劳实验设备采用电磁谐振 PLG-200D 型高频拉压疲劳实验机，实验波形采用正弦波。加载频率 f 为 99.0~102Hz，应力比 r=0.1。每组实验需 8~10 个数据点。以下两种情况时疲劳实验会自动停止：（1）试样断裂；（2）实验所承受的循环次数达到 1.0×10^7 次，本书规定此时试样所承受的疲劳载荷为试样的疲劳极限。

疲劳实验过程中，试样标距部分始终全浸于装有腐蚀环境的腐蚀环境箱中（见图 2-2）。实验后，为去除腐蚀产物，试样需在煮沸的 20% CrO_3 和 1% $AgNO_3$ 溶液中放置约 3min，然后用去离子水冲洗干净后吹干。

5.2.5 其他测试方法

疲劳实验前，需进行微弧氧化封孔前后涂层特征进行分析，见 4.2.5 节所述。

疲劳实验后，采用SEM分析观察腐蚀疲劳试样去除腐蚀产物前后的表面形貌及疲劳断口特征（包括裂纹萌生和扩展区），详细讨论微弧氧化及不同腐蚀环境对AZ31镁合金腐蚀疲劳极限、裂纹萌生及扩展机制的影响。

5.3 实验结果

5.3.1 微弧氧化涂层特征

由于应力腐蚀试样几何形状与疲劳试样几乎完全相同（除了夹具螺纹尺寸不同外），所用基体均为同材质的AZ31镁合金，且微弧氧化及封孔处理工艺相同，因此，微弧氧化及封孔处理后的疲劳试样涂层形貌等特征，本章不再赘述，如4.3.1节所述。同理，本章不考虑表面粗糙度的影响。

5.3.2 电化学实验结果

AZ31镁合金微弧氧化封孔前后在3.5% NaCl（质量分数）溶液和3.5% Na_2SO_4（质量分数）溶液环境下的电化学性能测试结果见4.3.2节。结合表4-1，封孔前，试样在NaCl溶液中的自腐蚀电位-1.478V比Na_2SO_4溶液中的(-1.522V)稍高约44mV，但其自腐蚀电流密度要比后者高出一个数量级。封孔处理后，试样在NaCl环境中的电化学性能明显改善，自腐蚀电流密度减小至与Na_2SO_4溶液同数量级，但仍比后者大约2倍。封孔前后，试样在NaCl溶液中的阳极极化电流最大，耐蚀性稍差。但与基体AZ31镁合金相比，微弧氧化及封孔处理后，试样在NaCl和Na_2SO_4溶液环境中抗腐蚀能力还是相对有所改善。

5.3.3 疲劳实验数据拟合分析

图5-1所示为AZ31镁合金微弧氧化封孔前后在不同环境下最大疲劳加载应力σ_{max}和相应循环次数N之间的关系曲线，即S-N曲线。从图中可以看出，微弧氧化封孔前后，试样在四种环境下疲劳性能均按一定顺序依次递减：空气、齿轮油、3.5% Na_2SO_4（质量分数）溶液和3.5% NaCl（质量分数）溶液，其中以腐蚀介质下试样腐蚀疲劳性能的下降尤为严重。封孔前后试样在相应四种环境下的腐蚀疲劳极限分别为：144.17MPa和152.55MPa、102.43MPa和134.69MPa、70.91MPa和90.24MPa、33.58MPa和37.74MPa。四种环境下，封孔处理后试样的腐蚀疲劳极限均高于封孔前，表明封孔处理是有一定效果的。但是与第3章AZ31镁合金基体相比，微弧氧化封孔处理试样的腐蚀疲劳极限均不同程度的降低。表5-1所列为封孔前后试样在不同环境下S-N曲线相关参数统计。类似于第3章3.3.3节，相关系数R均接近于1，残余方差和RSS也非常小，据此可以推

知疲劳实验所得数据可靠，曲线拟合良好。

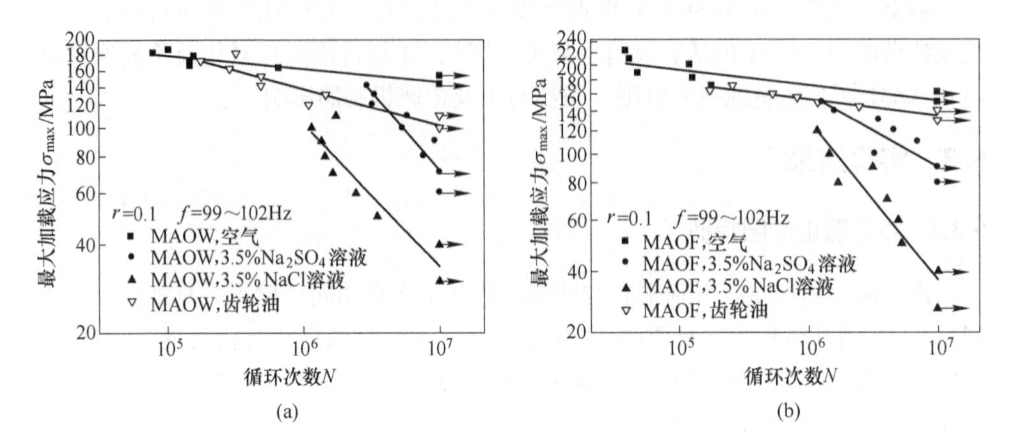

图 5-1　AZ31 镁合金微弧氧化封孔前后在不同环境下的 S-N 曲线

（a）封孔前；（b）封孔后

表 5-1　AZ31 镁合金 MAO 封孔前后不同环境下腐蚀疲劳 S-N 曲线统计参数分析

MAO 试样	不同环境	截距 a	斜率 b	相关系数 R	残余方差和 RSS
MAOW	空气	2.46534	−0.04378	0.84705	0.00153
	齿轮油	2.89173	−0.12599	0.85313	0.00779
	Na_2SO_4 溶液	5.63807	−0.54105	0.83426	0.01811
	NaCl 溶液	4.95979	−0.49052	0.84595	0.03873
MAOF	空气	2.53932	−0.05084	0.73487	0.00537
	齿轮油	2.52237	−0.05615	0.90943	8.16076×10^{-4}
	Na_2SO_4 溶液	3.69056	−0.24788	0.72941	0.01470
	NaCl 溶液	5.32507	−0.53546	0.86368	0.03655

5.3.4　疲劳试样侧面腐蚀形貌

图 5-2 所示为 AZ31 镁合金封孔前后在空气中疲劳实验后的表面形貌。可以看出，试样表面相对光滑，还出现了一些垂直于疲劳加载方向的显微裂纹，未封孔试样表面更明显。这主要是由于微弧氧化涂层表面本身存在的一些孔，如 4.3.1 节所述，这些小孔在疲劳交变载荷作用下很容易被撕裂而形成显微裂纹。

图 5-3 所示 AZ31 镁合金未封孔试样在不同腐蚀环境下的表面腐蚀形貌。试样表面相对光滑，但也有零星分布的一些腐蚀产物。从图 5-3（a）可以看出，试样表面存在一些与空气相同，垂直于疲劳载荷方向的显微裂纹，腐蚀产物分布在这些显微裂纹两侧，是周围腐蚀液渗入基体发生腐蚀反应形成的。在 Na_2SO_4 溶

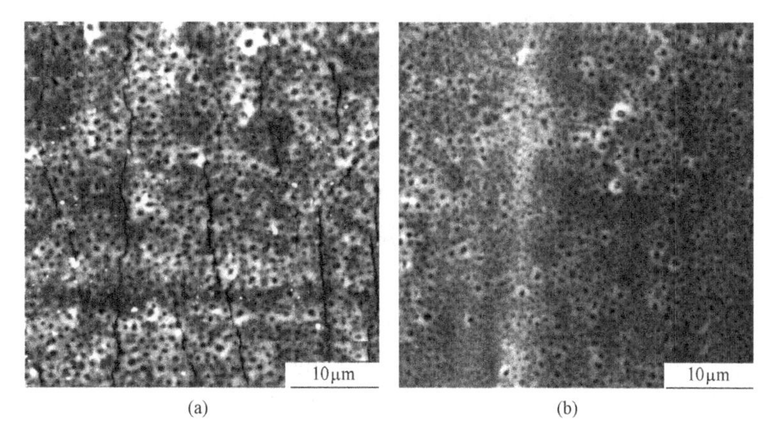

图 5-2 微弧氧化试样在空气中疲劳实验后的表面形貌

（a）封孔前，170MPa；（b）封孔后，170MPa

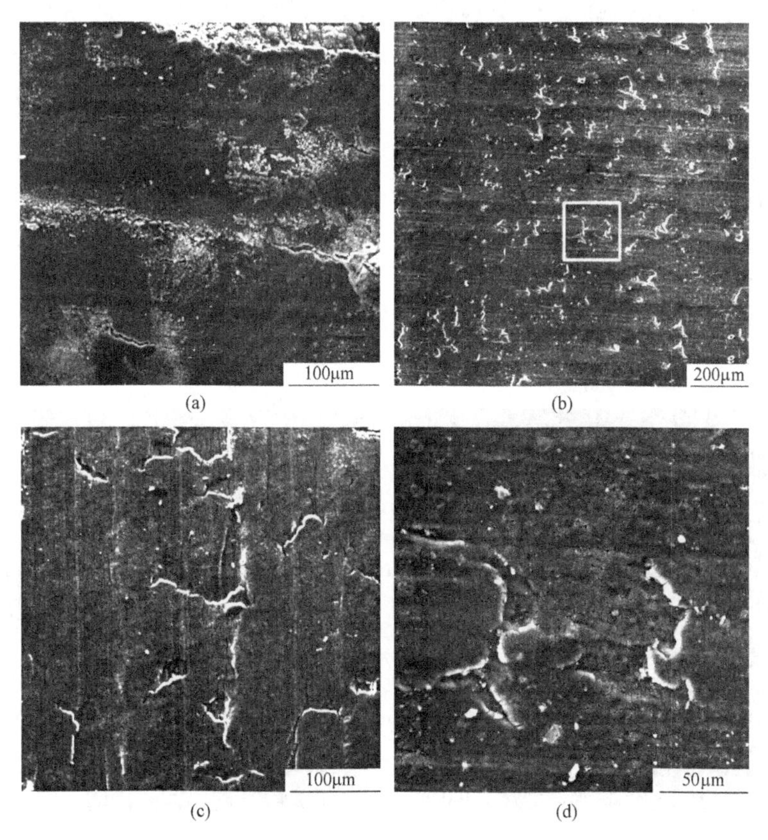

图 5-3 微弧氧化试样封孔前在不同环境下疲劳实验后的表面形貌

（a）3.5% NaCl 溶液，100MPa；（b）3.5% Na_2SO_4 溶液，100MPa；

（c）齿轮油，120MPa；（d）图（b）矩形区放大图

液和齿轮油环境中（见图 5-3（b）和（c）），图 5-3（d）为图 5-3（b）矩形区放大图，从三图可以看出，试样表面有大量弯曲短小的割痕状特征。这与第 3 章 AZ31 镁合金基体的腐蚀形貌不同。

图 5-4 所示为封孔后 AZ31 镁合金在不同腐蚀环境下疲劳实验后的表面腐蚀形貌。图 5-4（a）所示为封孔后试样在 NaCl 溶液中进行疲劳实验后的表面腐蚀形貌，表面光滑，存在间隔均匀颜色一深一浅的机加工痕迹，其中较深部分发生了局部腐蚀反应。放大矩形区深槽部分，如图 5-4（b）所示，表面覆盖有大量腐蚀产物。图 5-4（c）和（d）所示分别为封孔后试样在 Na_2SO_4 溶液和齿轮油环境下疲劳实验后的表面腐蚀形貌。与封孔前的（见图 5-3）相似，但那些弯曲短小的割痕数量有所减少，这可能是由于封孔处理后涂层质量提高、耐蚀性改善的原因。

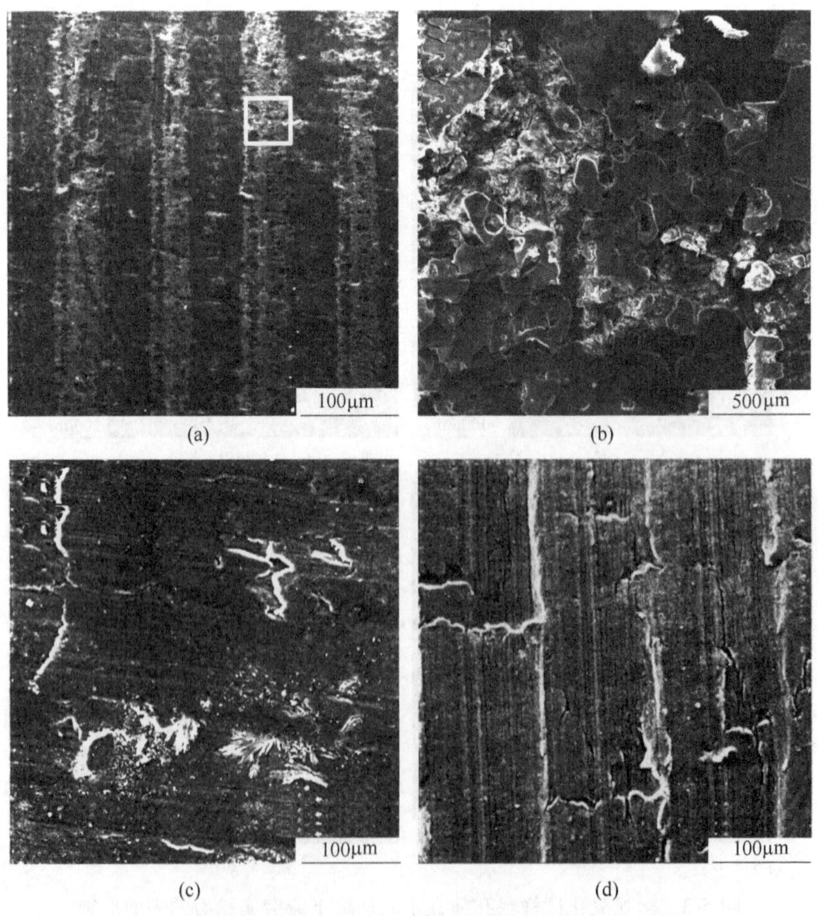

图 5-4　微弧氧化试样封孔后在不同环境下疲劳实验后的表面形貌

（a）3.5% NaCl 溶液，100MPa；（b）图（a）矩形区放大图；

（c）3.5% Na_2SO_4 溶液，100MPa；（d）齿轮油，150MPa

5.3.5 去除腐蚀产物后表面形貌观察

去除腐蚀产物后，微弧氧化封孔前后试样在不同环境下的表面形貌如图 5-5 所示。图 5-5（a）~（c）和图 5-5（d）~（f）所示分别为试样封孔前后在 NaCl 溶液、Na_2SO_4 溶液和齿轮油环境下表面形貌。可以看出，微弧氧化处理后试样在 NaCl 溶液中发生点蚀，表面还存在一些未发生腐蚀的表面，只不过封孔后试样表面腐蚀程度稍弱些。在 Na_2SO_4 溶液和齿轮油环境下，试样表面还是可以看到一些弯曲短小的割痕，是由于微弧氧化涂层表面小孔在疲劳载荷作用下不断被撕裂拉长而形成，因此其长度方向与疲劳加载方向是平行的，如图箭头所示。封孔处理后，涂层表面小孔尺寸减小，因此割痕也有所减小。这些割痕在腐蚀环境和疲劳交变载荷作用下不断长大，产生应力集中，最终萌生疲劳裂纹，为腐蚀介质的渗透提供了有利条件。

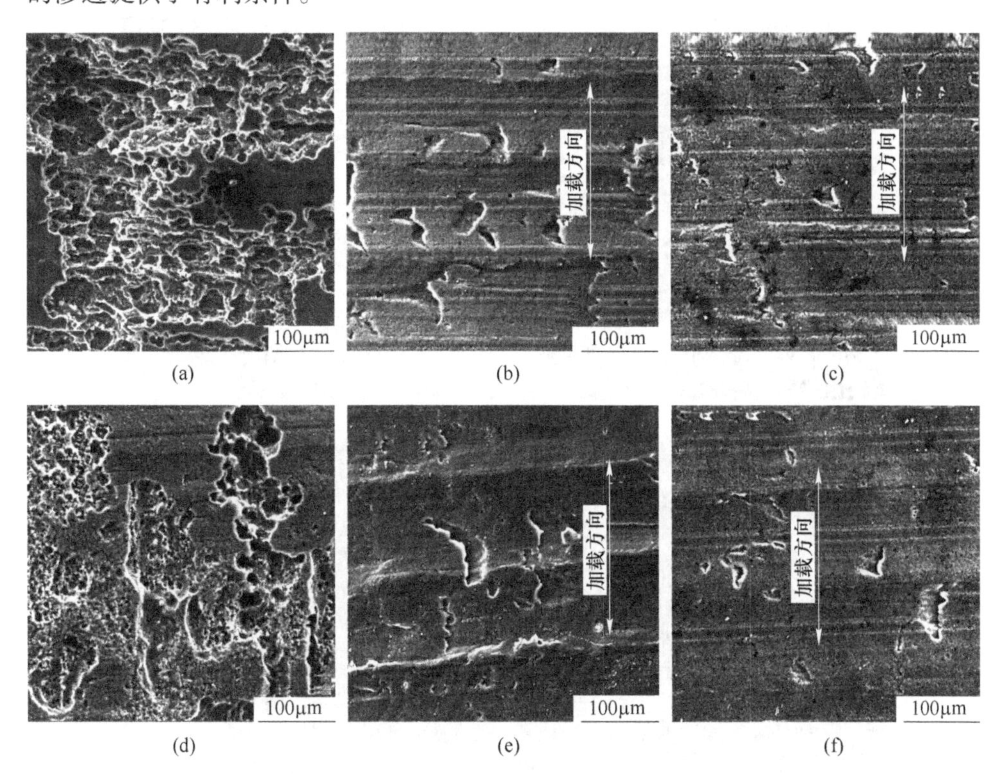

图 5-5 微弧氧化试样封孔前后在不同腐蚀环境下疲劳实验后的表面形貌

（a）未封孔，3.5% NaCl 溶液，100MPa；（b）未封孔，3.5% Na_2SO_4 溶液，100MPa；（c）未封孔，齿轮油，120MPa；（d）封孔，3.5% NaCl 溶液，100MPa；（e）封孔，3.5% Na_2SO_4 溶液，100MPa；（f）封孔，齿轮油，150MPa

5.3.6　疲劳断口分析

图 5-6 所示为 AZ31 镁合金微弧氧化未封孔试样在不同环境下的疲劳断口形貌。从四幅图中断口整体宏观形貌可以看出区别于应力腐蚀的典型疲劳断裂特征：疲劳裂纹萌生区、扩展区和瞬断区，三个区域清晰可见。疲劳裂纹萌生区域可以观察到疲劳辉纹，尤其是图 5-6（a）中。

从裂纹萌生方面分析，试样在空气中的裂纹萌生区（见图 5-6（a）中椭圆区放大图）边缘有一些小缺口，这些可能是微弧氧化孔在疲劳载荷作用下被撕裂过程中造成的，因为这些小孔很容易产生应力集中，成为最佳形核源。其余三种情况下，由于微弧氧化涂层很薄，再加上腐蚀介质的影响，这些小缺口特征不是很明显。但由于疲劳裂纹从试样最边缘萌生，可以推知疲劳裂纹优先萌生于外部微弧氧化层，然后进一步向基体扩展直至试样断裂。从图 5-6（b）和（c）可以

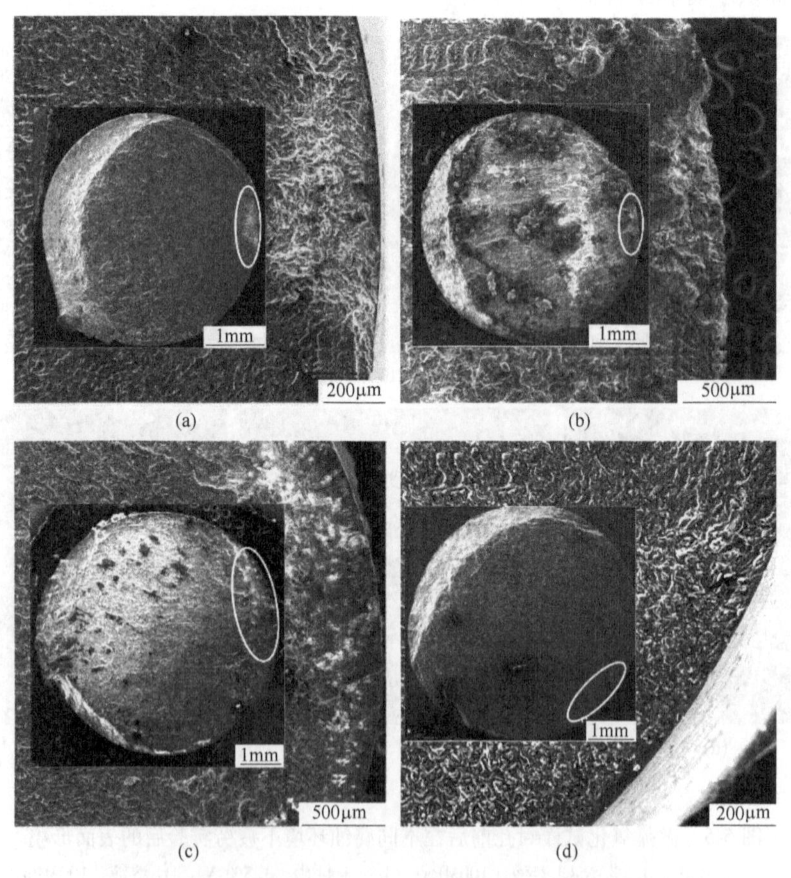

图 5-6　微弧氧化试样封孔前在不同环境下疲劳断口形貌

（a）空气，170MPa；（b）3.5% NaCl 溶液，100MPa；

（c）3.5% Na_2SO_4 溶液，100MPa；（d）齿轮油，120MPa

看出，试样在 NaCl 溶液和 Na_2SO_4 溶液中的裂纹萌生区（宏观图的椭圆区）表面覆盖有一层腐蚀产物，NaCl 溶液中其表面还出现一些点蚀坑痕迹，边缘的腐蚀产物也比较疏松，但在 Na_2SO_4 溶液中试样边缘较光滑。相比之下，试样在齿轮油（见图 5-6（d））中的裂纹萌生源更光滑，这与齿轮油的吸附作用有关，其一定程度上可以起到保护基体不被腐蚀的作用[17]。

从裂纹扩展区特征来看，四种环境下，疲劳裂纹均呈现出扇形状扩展特征，断口表面也较光滑，没有出现韧窝等延性断裂特征，与第 2 章和第 4 章中空气环境下的应力腐蚀断口明显不同。从瞬断区分析，试样在四种环境下均出现疲劳瞬断区，这是疲劳与应力腐蚀断口不同的又一大特点，这些瞬断区往往是由于疲劳过载造成的。

图 5-7 所示为 AZ31 镁合金微弧氧化封孔试样在不同环境下的疲劳断口形貌。

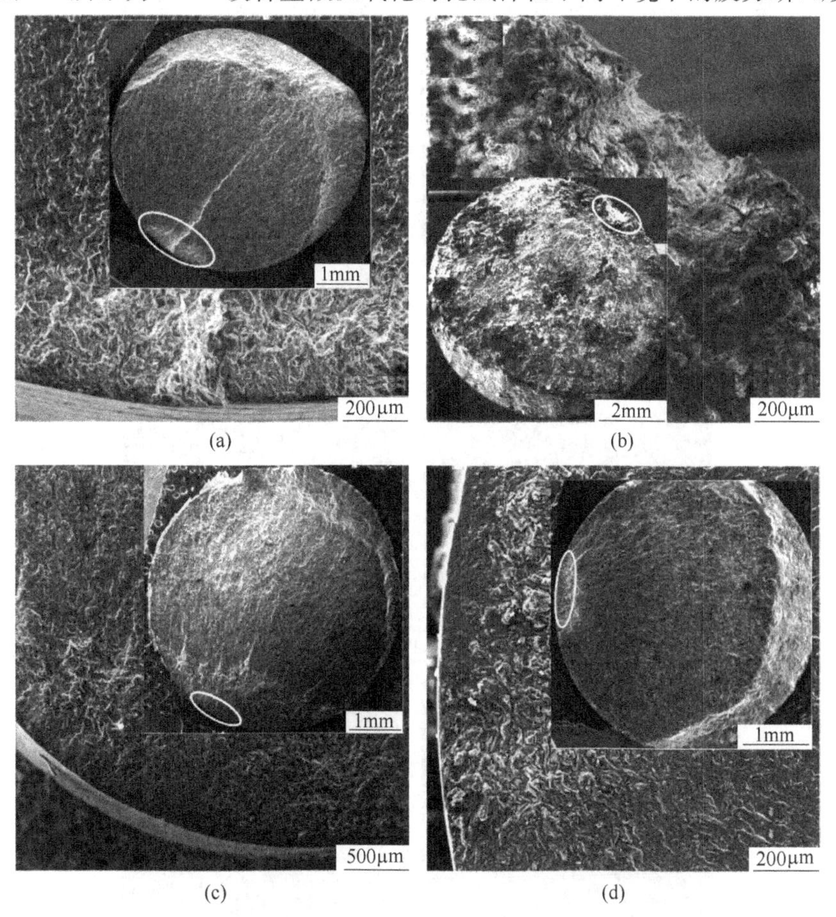

图 5-7 微弧氧化试样封孔后在不同环境下的疲劳断口形貌

（a）空气，170MPa；（b）3.5% NaCl 溶液，100MPa；

（c）3.5% Na_2SO_4 溶液，100MPa；（d）齿轮油，150MPa

可以看出与未封孔试样一样，四种封孔试样的断口包含了疲劳断口的三个典型特征：疲劳裂纹萌生区（见图 5-7 中椭圆区）、扩展区和瞬断区。试样在空气、Na_2SO_4 溶液和齿轮油中的疲劳裂纹萌生于试样边缘，均比较光滑。空气环境下，试样边缘同样出现一些由微弧氧化孔和疲劳交变载荷造成的小缺口。在 NaCl 溶液中，试样边缘点蚀坑特征证实微弧氧化涂层与 NaCl 溶液间发生点蚀，这些点蚀坑是疲劳裂纹萌生的有利位置。

图 5-8 所示为微弧氧化封孔前后试样在空气、NaCl 溶液、Na_2SO_4 溶液和齿轮油环境下的疲劳裂纹扩展特征。可以看出二次裂纹、层片状结构等解理断裂的重要特征，与试样环境和表面涂层的施加无关。这一结论与第 3 章 AZ31 镁合金在不同环境下的疲劳实验结论一致，但与第 2 章和第 4 章应力腐蚀实验结果不同，其在空气环境下属于混合型断口。

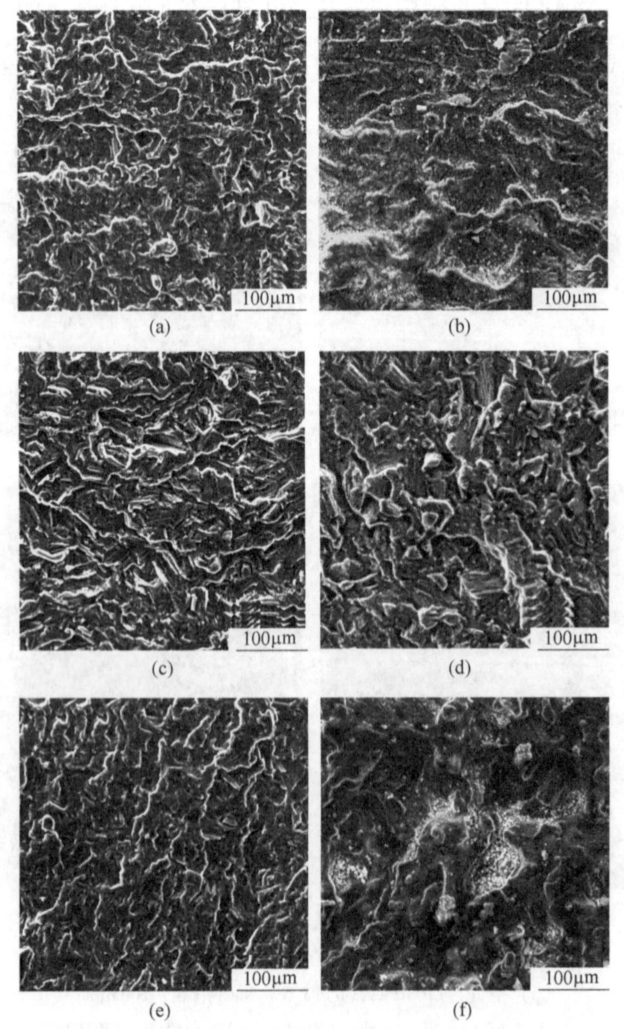

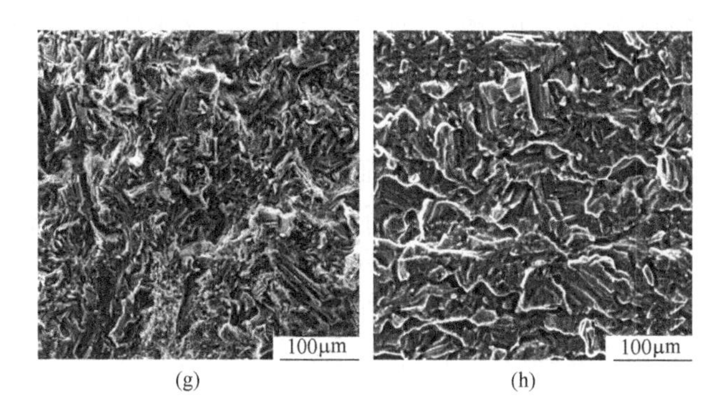

(g) (h)

图 5-8 微弧氧化试样封孔前后在不同环境下的疲劳断裂特征
(a) 未封孔，空气，170MPa；(b) 未封孔，3.5% NaCl 溶液，100MPa；
(c) 未封孔，3.5% Na_2SO_4 溶液，100MPa；(d) 未封孔，齿轮油，120MPa；
(e) 封孔，空气，170MPa；(f) 封孔，3.5% NaCl 溶液，100MPa；
(g) 封孔，3.5% Na_2SO_4 溶液，100MPa；(h) 封孔，齿轮油，150MPa

5.4 讨论

5.4.1 微弧氧化及封孔对 AZ31 镁合金不同环境下疲劳极限的影响

微弧氧化及封孔处理的影响可以采用疲劳极限的变化率来进行评估，其可根据式（5-1），计算结果见表 5-2。

$$RR/IR = \frac{\sigma_{FLU} - \sigma_{FLMAOW/F}}{\sigma_{FLU}} \times 100\% \tag{5-1}$$

式中，RR/IR 为疲劳极限的变化率（增长率和下降率）；σ_{FLU}、σ_{FLMAOW} 和 σ_{FLMAOF} 分别为 AZ31 镁合金基体、微弧氧化封孔前后试样的腐蚀疲劳极限，MPa。

表 5-2 对比分析 MAO 封孔前后 AZ31 镁合金在不同环境下的腐蚀疲劳极限

不同环境	AZ31 镁合金		MAOW 试样		MAOF 试样	
	σ_{FLU}/MPa	RR/%	σ_{FLMAOW}/MPa	RR/%	σ_{FLMAOF}/MPa	RR/%
空气	163.89	—	144.17	12.03	152.55	6.92
齿轮油	158.12	—	102.43	35.22	134.69	14.82
NaCl 溶液	67.35	—	33.58	50.14	37.74	43.96
Na_2SO_4 溶液	107.51	—	70.91	34.04	90.24	16.06

可以看出，同种环境下，微弧氧化及封孔处理后试样的疲劳极限均不同程度的下降，而且未封孔试样要比封孔试样下降程度大约为原来的 1/2，除了 NaCl 溶

液。这一方面说明微弧氧化和封孔处理无益于改善 AZ31 镁合金在四种环境下的腐蚀疲劳性能；另一方面也说明封孔处理是微弧氧化方法的必要工艺，可以减小疲劳极限下降率。

第 4 章已经对微弧氧化涂层显微特征进行了详细分析，表面原位生成的陶瓷膜层与基体结合力良好[11,12]，涂层表面粗糙度与基体在误差允许范围内。排除了结合界面和粗糙度的干扰，探讨微弧氧化试样腐蚀疲劳下降原因的着重点则应放在涂层表面显微缺陷上，如微弧氧化孔。

空气中，在疲劳交变载荷作用下，与微弧氧化过程相伴相生的小孔处很容易产生应力集中，随着实验的进行，这些小孔不断产生扭曲变形，当变形达到一定程度时就会被撕开成为疲劳裂纹萌生源，直至引发试样失效。封孔处理并不能消除这一过程，只能延缓。

在 NaCl 溶液和 Na_2SO_4 溶液腐蚀环境下，微弧氧化试样腐蚀疲劳性能下降的这一结果与 5. 3. 2 节电化学实验结果不符。这表明，材料的腐蚀疲劳性能与其本身的电化学性能并不总是线性相关的[18]。电化学实验结果分析得出微弧氧化后 AZ31 镁合金的耐蚀性能得到改善，封孔处理可以缩小微弧氧化孔的数量和孔径，提高涂层表面质量，耐蚀性能改善更明显。但是，4. 3. 1 节中微弧氧化涂层显微特征分析表明封孔处理只能减小并不能完全消除小孔的存在。慢拉伸应力腐蚀实验过程中，由于慢拉伸速率缓慢，这些小孔受应力作用影响较小，很容易被周围腐蚀产物覆盖。而在腐蚀疲劳实验过程中，虽然这些小孔也会被腐蚀产物覆盖，但疲劳载荷的交变循环作用及较高的加载频率（99. 0～102. 0Hz）使得这些腐蚀产物很容易脱落，失去保护效果，这样周围腐蚀环境就会继续不断渗透，加速腐蚀反应的发生，降低材料的疲劳寿命。与 AZ31 镁合金基体相比，这些小孔的存在为腐蚀反应的更快速发生提供了有利条件。与 SO_4^{2-} 相比，Cl^- 穿透能力和侵蚀性更强，小孔的危害效果也更严重，因此，试样在 NaCl 环境下，腐蚀疲劳极限的下降率最大。综合分析，相比 AZ31 镁合金基体，微弧氧化及封孔处理后试样的腐蚀疲劳性能更显著地降低。

齿轮油虽然腐蚀性弱，对材料的疲劳性能影响不大，如第 3 章所述，AZ31 镁合金在齿轮油中的疲劳极限与空气中相近。但是对于微弧氧化及封孔试样来讲，其疲劳极限的下降趋势进一步扩大了，这与齿轮油微乎其微的腐蚀性能不符。因为齿轮油除了具有侵蚀性弱的优点，还具有其他特点：润滑性[19～22]。通过微弧氧化孔不断渗入的齿轮油虽然不会与涂层和基体发生腐蚀反应，但是能削弱涂层与基体间的结合力，扩大涂层中小孔缺陷的有害影响。

因此，微弧氧化涂层表面相伴相生的小孔降低了涂层的质量，是镁合金腐蚀疲劳性能下降的最重要原因。虽然微弧氧化及封孔处理可以改善 AZ31 镁合金在腐蚀介质中的耐蚀性能，但在交变载荷作用下，腐蚀产物不易聚集而达到密封微弧氧化孔的效果，使得材料的耐蚀性不能发挥有效作用。即，在疲劳交变载荷作用下，材料的腐蚀疲劳性能与其本身的电化学性能并不总是成正比的。

5.4.2 腐蚀环境对微弧氧化 AZ31 镁合金腐蚀疲劳极限的影响

实验结果表明微弧氧化处理后试样在不同环境下的腐蚀疲劳强度不同。封孔前后，试样在空气、齿轮油、3.5% Na_2SO_4（质量分数）溶液和 3.5%NaCl（质量分数）溶液中的腐蚀疲劳强度依次减小。与空气中进行对比分析，封孔前试样在后三种环境中的腐蚀疲劳极限分别下降了：28.95%、50.82%、76.71%；封孔后试样在后三种环境中的腐蚀疲劳极限分别下降了：11.71%、40.85%、75.26%。可以看出，不同腐蚀介质对微弧氧化及封孔试样的腐蚀疲劳极限影响不同。

齿轮油的腐蚀性最弱，但是涂层表面不可避免的微弧氧化孔的存在使齿轮油的危害性加剧，一方面这些小孔本身在疲劳交变载荷作用下很容易产生应力集中；另一方面，这些小孔为齿轮油的渗透提供了便利条件，削弱了涂层与基体结合力。这两方面综合导致 AZ31 镁合金微弧氧化后在齿轮油中的疲劳极限下降幅度增大。

第 3 章 AZ31 镁合金基体在 Na_2SO_4 溶液和 NaCl 溶液中腐蚀疲劳极限仅分别下降了 34.40%和 58.91%，微弧氧化封孔处理后试样的疲劳极限降幅却都增大了，分别为 40.85%和 75.26%。根据腐蚀类型和疲劳断口分析，由于镁合金原位形成的微弧氧化陶瓷膜层的主要成分 MgO 是镁合金常见的普遍氧化物，不会改变 NaCl 和 Na_2SO_4 溶液与 AZ31 镁合金腐蚀反应机理本质，图 5-6 和图 5-7 所示的疲劳断口也可以证明。其中，AZ31 镁合金在 NaCl 溶液中发生点蚀，微弧氧化孔的存在加快了 Cl^- 的穿透能力和速度，加速疲劳裂纹的萌生，降低了镁合金的腐蚀疲劳性能。而 AZ31 镁合金在 Na_2SO_4 溶液中发生均匀腐蚀，表面涂层孔有利于 SO_4^{2-} 的浸入，虽然其穿透能力不如 Cl^-，但 SO_4^{2-} 迁移率较高，能够较均匀地分布于周围环境中，从而有利于在整个表面上发生均匀腐蚀，对腐蚀疲劳极限的危害稍弱于点蚀。图 5-5（b）和（e）中试样表面腐蚀形貌中仅包含大量弯曲短小“割痕”，它们是微弧氧化孔在疲劳载荷作用下被撕裂形成的。

综上分析，NaCl 溶液、Na_2SO_4 溶液、齿轮油与微弧氧化镁合金的腐蚀机理与 AZ31 镁合金没有本质上的差异，分别发生点蚀、均匀腐蚀和吸附作用。但是在疲劳交变载荷作用下，涂层表面微弧氧化孔对腐蚀反应的进行起着催化作用，加速了 Cl^-、SO_4^{2-} 和齿轮油的迅速渗入、腐蚀反应的发生、腐蚀特征的形成和疲劳裂纹的萌生，从而降低了镁合金的腐蚀疲劳极限。

5.4.3 腐蚀介质和微弧氧化孔对疲劳裂纹萌生机制及断裂特征的影响

AZ31 镁合金在空气中的疲劳裂纹总是萌生于断口表面和近表面区域[23~25]。

微弧氧化及封孔处理后，疲劳裂纹萌生区出现一些小缺口，是微弧氧化孔在疲劳交变载荷作用下被撕开而形成的，表明微弧氧化试样的疲劳裂纹首先萌生于外部微弧氧化涂层中的缺陷。齿轮油腐蚀性弱，在镁合金表面不会发生激烈腐蚀反应，仅发生吸附作用，微弧氧化试样在齿轮油中的疲劳裂纹也萌生于断口近表面区域。表面微弧氧化孔为齿轮油的渗入和涂层与基体结合力的削弱提供了一定条件，是腐蚀疲劳性能下降的重要原因。

在 NaCl 溶液和 Na_2SO_4 溶液中，Cl^- 和 SO_4^{2-} 穿过这些微弧氧化小孔不断渗入基体，加速腐蚀反应的发生。理论上，这些小孔尺寸不大，很容易被腐蚀产物所覆盖。实际上，高频疲劳交变载荷的振动作用使得这些原本就很疏松的腐蚀产物的覆盖效果变得很差。上一节得出 AZ31 镁合金在 NaCl 溶液和 Na_2SO_4 溶液中的腐蚀机理和腐蚀特征未发生本质改变，其疲劳裂纹萌生机制与 AZ31 镁合金基体一致。AZ31 镁合金在 NaCl 溶液中形成的点蚀坑是最佳疲劳裂纹萌生源，在 Na_2SO_4 溶液中发生均匀腐蚀，疲劳裂纹萌生于试样表面附近。5.3.5 节中图 5-8 分析得出，不同腐蚀环境下，微弧氧化封孔前后试样的疲劳裂纹扩展区均呈扇形、二次裂纹和层片状花样，属于脆性解理断裂。但是试样表面的微弧氧化孔加速了 AZ31 镁合金腐蚀疲劳裂纹的萌生速率和腐蚀疲劳性能的恶化。

5.5　小结

（1）微弧氧化及封孔处理不利于改善 AZ31 镁合金的腐蚀疲劳性能，在空气、齿轮油、3.5% NaCl（质量分数）溶液和 3.5% Na_2SO_4（质量分数）溶液环境下，试样的腐蚀疲劳极限均呈下降趋势。整体看来，未封孔的要比封孔试样的疲劳极限下降率高一倍。微弧氧化涂层表面相伴相生的孔缺陷降低了涂层的质量，是镁合金腐蚀疲劳性能下降的最重要原因。

（2）虽然微弧氧化及封孔处理可以改善 AZ31 镁合金在腐蚀介质中的耐蚀性能，但在交变载荷作用下，腐蚀产物不易聚集而达到封孔的效果，使得材料的耐蚀性不能发挥作用。在疲劳交变载荷作用下，材料的腐蚀疲劳性能与其本身的电化学性能并不总是线性相关的。

（3）NaCl 溶液、Na_2SO_4 溶液、齿轮油与微弧氧化镁合金的腐蚀机理与 AZ31 镁合金没有本质上的差异，分别发生点蚀、均匀腐蚀和吸附作用。但是在疲劳交变载荷作用下，涂层表面微弧氧化孔对腐蚀反应的进行起着催化作用，其加速了 Cl^-、SO_4^{2-} 和齿轮油的迅速渗入、腐蚀反应的发生、腐蚀特征的形成和疲劳裂纹的萌生过程，从而降低了镁合金的腐蚀疲劳极限。

（4）空气中，微弧氧化孔在疲劳交变载荷作用下很容易产生应力集中，是最佳疲劳裂纹萌生源。齿轮油中，这些小孔是齿轮油进入基体和涂层结合力下降的直接原因，由于涂层很薄（微米级），疲劳裂纹可视为萌生于近表面。在 NaCl 溶液和 Na_2SO_4 溶液中，疲劳裂纹萌生于点蚀坑和均匀腐蚀层。

参 考 文 献

[1] He X L, Wei Y H, Hou L F, et al. High-frequency corrosion fatigue behavior of AZ31 magnesium alloy in different environments [J]. Proceedings of the Institution of Mechanical Engineers, Part C: Journal of Mechanical Engineering Science, 2014, 228 (10): 1645~1657.

[2] He X L, Wei Y H, Hou L F, et al. Investigation on corrosion fatigue property of epoxy coated AZ31 magnesium alloy in sodium sulfate solution [J]. Theoretical and Applied Fracture Mechanics, 2010, 70: 39~48.

[3] Shahzad M, Chaussumier M, Chieragatti R, et al. Influence of anodizing process on fatigue life of machined aluminium alloy [J]. Procedia Engineering, 2010, 2: 1015~1024.

[4] Majid S, Michel C, Rémy C, et al. Effect of sealed anodic film on fatigue performance of 2214-T6 aluminum alloy [J]. Surface and Coatings Technology, 2012, 206: 2733~2739.

[5] Hemmouche L, Fares C, Belouchrani M A. Influence of heat treatments and anodization on fatigue life of 2017A alloy [J]. Engineering Failure Analysis, 2013, 35: 554~561.

[6] Michel C, Catherine M, Majid S, et al. A predictive fatigue life model for anodized 7050 aluminium alloy [J]. International Journal of Fatigue, 2013, 48: 205~213.

[7] Majid S, Michel C, Rémy C, et al. Surface characterization and influence of anodizing process on fatigue life of Al 7050 alloy [J]. Materials and Design, 2011, 32: 3328~3335.

[8] Nie B H, Zhang Z, Zhao Z H, et al. Effect of anodizing treatment on the very high cycle fatigue behavior of 2A12-T4 aluminum alloy [J]. Materials and Design, 2013, 50: 1005~1010.

[9] Apachitei I, Leoni A, Riemslag A C, et al. Enhanced fatigue performance of porous coated Ti6Al4V biomedical alloy [J]. Applied Surface Science, 2011, 257: 6941~6944.

[10] Leoni A, Apachitei I, Riemslag A C, et al. In vitro fatigue behavior of surface oxidized Ti35Zr10Nb biomedical alloy [J]. Materials Science and Engineering C, 2011, 31: 1779~1783.

[11] Sabrina A K, Yukio M, Yoshiharu M, et al. Effect of anodized layer thickness on fatigue behavior of magnesium alloy [J]. Materials Science and Engineering A, 2008, 474: 261~269.

[12] Sabrina A K, Yukio M, Yoshiharu M, et al. Fatigue behavior of anodized AM60 magnesium alloy under humid environment [J]. Materials Science and Engineering A, 2008, 498: 377~383.

[13] Wasekar Nitin P, Jyothirmayi A, Sundararajan G. Influence of prior corrosion on the high cycle fatigue behavior of microarc oxidation coated 6061-T6 aluminum alloy [J]. International Journal of Fatigue, 2011, 33: 1268~1276.

[14] Fernanda P, Enrico J G, Laís T D, et al. Fatigue behavior and physical characterization of sur-

face-modified Ti-6Al-4V ELI alloy by micro-arc oxidation [J]. Materials Research, 2012, 15 (2): 305~311.

[15] Wang X S, Guo X W, Li X D, et al. Effect of different micro-arc oxidation coating layer types on fatigue life of 2024-T4 alloy [C]. 13th International Conference on Fracture, Beijing, China, 2013: 16~21.

[16] Leonardo C C, Laís T Du, Paulo Sergio C P S, et al. Fatigue behavior of modified surface of Ti-6Al-7Nb and CP-Ti by micro-arc oxidation [J]. Materials and Design, 2014, 64: 393~399.

[17] BIRESAW G. Adsorption of amphiphiles at an oil-water vs. an oil-metal interface [J]. Journal of the American Oil Chemists' Society, 2005, 82 (4): 285~292.

[18] Sotomi I, Nan Z Y, Tomonori N, et al. On electrochemical polarization curve and corrosion fatigue resistance of the AZ31 magnesium alloy [J]. Key Engineering Materials, 2010, 452~453: 321~324.

[19] Nefedov Y U. Corrosion resistance of oil piping [J]. Zashch Metal, 1988, 24: 634~636.

[20] Studt P. Boundary lubrication: Adsorption of oil additives on steel and ceramic surfaces and its influence on friction and wear [J]. Tribology International, 1989, 22: 111~119.

[21] Guo J, Wang L P, Liang J, et al. Tribological behavior of plasma electrolytic oxidation coating on magnesium alloy with oil lubrication at elevated temperatures [J]. Journal of Alloys and Compounds, 2009, 481: 903~909.

[22] Kelly J F, Cotterell M G. Minimal lubrication machining of aluminium alloys [J]. Journal of Materials Processing Technology, 2002, 120: 327~334.

[23] Ochi Y, Masaki K, Hirasawa T, et al. High cycle fatigue property and micro crack propagation behavior in extruded AZ31 magnesium alloys [J]. Materials Transactions, 2006, 47: 989~994.

[24] Huppmann M, Lentz M, Brömmelhoff K, et al. Fatigue properties of the hot extruded magnesium alloy AZ31 [J]. Materials Science and Engineering A, 2010, 527: 5514~5521.

[25] Nascimento L, Yi S, Bohlen J, et al. High cycle fatigue behavior of magnesium alloys [J]. Procedia Engineering, 2010, 2: 743~750.

6 环氧涂层处理 AZ31 镁合金腐蚀疲劳防护性能

6.1 概述

镁合金对周围腐蚀环境非常敏感，如果再加上循环交变载荷的作用，无异于雪上加霜，严重制约着镁合金构件的安全广泛应用。因此，开展镁合金腐蚀疲劳防护手段的研究尤为迫切。

化学转化膜、阳极氧化、电镀和化学镀、金刚石涂层处理及喷丸等是迄今改善镁合金腐蚀疲劳性能的几种较常见的方法，但效果均不理想。有学者[1,2]研究表明，化学转化膜经喷漆封孔处理可以在一定程度上保护 AZ61 镁合金，使其在不同湿度下的腐蚀疲劳性能有所改善，但是在 NaCl 溶液环境的腐蚀疲劳极限还是下降的，这种方法还有待进一步研究改进。还有第 5 章描述的阳极氧化也是一种改善材料腐蚀性能的重要方法，目前主要应用于铝合金和钛合金，应用于镁合金腐蚀疲劳性能的研究较少[3,4]。而且效果也不是很理想，这主要是由于阳极氧化和微弧氧化自身存在一些局限性，比如表面粗糙度、韧性和气孔等缺陷的天然存在，为疲劳裂纹萌生和扩展提供了有利条件。Ishihara 等人[5,6]采用化学镀和电镀镍处理 AZ31 镁合金表面，研究其在 3% NaCl（质量分数）溶液环境下的腐蚀疲劳行为。电镀镍比化学镀镍处理更有益于改善材料的腐蚀疲劳寿命，但效果有限。Yoshihiko Uematsu 等人[7]研究了表面经不同层数金刚石碳涂层处理后 AZ80A 镁合金在空气和去离子水中的腐蚀疲劳行为。多层金刚石碳涂层虽然可以改善试样在空气中的疲劳强度，但是多层涂层内部的裂纹等缺陷为去离子水等腐蚀环境向基体的浸入提供了有利条件，是试样疲劳性能下降的诱因。表面喷丸可以使试样表面产生残余压应力，有利于提高材料的腐蚀疲劳性能，但是试样表面粗糙度的改变对腐蚀性能有重要影响[8]。另外，还可以利用稀土元素的优良性能，开发 Mg-RE 新型镁合金来改善其腐蚀疲劳性能[9]，但是稀土元素价格昂贵，提高了成型成本。

综上所述，本章选用有机涂层表面处理方法来改善镁合金腐蚀疲劳性能。通过对目前仅有的表面处理方法的分析，总结出这些方法的共同点：均要求涂层有较好的耐蚀性能和良好的结合能力。而环氧树脂具有优良的耐蚀性能（对绝大多数溶剂稳定）和介电性能，除了耐蚀性能外最重要一点：不管是金属和非金属材料，环氧树脂均具有优异的表面黏结强度，被广泛地应用于电子产品及工业的各个领域[10,11]。当前，环氧涂层材料的静态腐蚀性能已经做了大量研究[12~15]，但在腐蚀环境和疲劳交变载荷作用下的应用研究还未出现。因此，本章另辟蹊径，选用耐蚀性和黏结性能良好的环氧涂层对 AZ31 镁合金进行表面处理，研究其在不同腐蚀环境下的腐蚀疲劳行为，探讨环氧涂层与周围腐蚀环境相互作用机理及腐蚀疲劳裂纹萌生机制[16~18]。

6.2 实验方法

6.2.1 实验材料及尺寸

基体材料选用挤压 AZ31 镁合金棒材，其化学成分和力学性能见表 2-1 和表 2-2，几何尺寸如图 2-1 所示，只需注意螺纹部分标记应为 M12×1.5mm。

涂层主要成分包括：双酚 A 型环氧树脂 E-51、固化剂三乙烯四胺 TETA 及稀释剂丙酮，E-51 是一种常见的应用于多种研究的环氧树脂[19~21]。

实验环境如 3.2.1 节所述，包括：空气（相对湿度 35%，25℃）、3.5% NaCl（质量分数）溶液（模拟海水，pH = 7±0.5）、3.5% Na_2SO_4（质量分数）溶液（大气典型酸雨环境代表，pH = 7±0.5）、齿轮油（API GL-4 SAE 75W-90，一种典型齿轮传动油）。

6.2.2 环氧涂层处理

AZ31 镁合金环氧涂层处理过程主要包括以下几步，其中前三步为根据 ASTM D2651-01 标准进行的前处理工艺。

第一，表面打磨处理。采用 800 号、1000 号、1500 号砂纸打磨试样表面，除去试样表面氧化层，使其光滑平整。

第二，脱脂。试样打磨后试样在 61～70℃ 碱性中浸泡约 10min，然后用去离子水彻底冲洗后使其干燥（干燥环境不得超过 60℃）。此举的目的是为了除去基体试样表面的油污和污物等，又称为碱洗。碱性除油（脱脂）溶液（质量分数）由 95%水、2.5%的硅酸钠、1.1%的焦磷酸钠、1.1%氢氧化钠和 0.3%十二烷基苯磺酸钠组成。

第三，酸洗。为进一步去除试样表面残留油脂，并使试样表面保持一定粗糙度（为增强涂层结合力），试样需经进一步酸洗处理。将试样浸于由铬酸：水为 4：1 组成的酸洗溶液中约 3min，取出用去离子水冲洗干净，并在不超过 60℃ 的环境下彻底干燥。

第四，施加环氧涂层。将 E-51、TETA 和丙酮以一定比例 50：6：5 混合，均匀搅拌约 8min。将前处理后试样两端螺纹部分用塑料薄膜密封然后全部浸入配好的环氧涂层液体中保持约 30s，然后将试样提起架于搁架上并不断旋转（以使试样表面环氧涂层分布均匀），直至环氧涂层液体不再明显流动，静置使其干燥固化。室温条件下，试样的固化时间需要约一周。实验所用试样在同一批次完成环氧涂层处理，以确保实验试样的一致性。

6.2.3 室温拉伸实验

AZ31 镁合金基体、环氧树脂及环氧涂层处理后试样（按照 6.2.2 节处理）三种材料的力学性能由电子万能拉伸实验机 CMT5205 在空气室温条件下进行测试。每组试样数量为 3 个，拉伸速度 0.5mm/min。拉伸试样尺寸为 150mm×20mm×4mm，如图 6-1 所示。

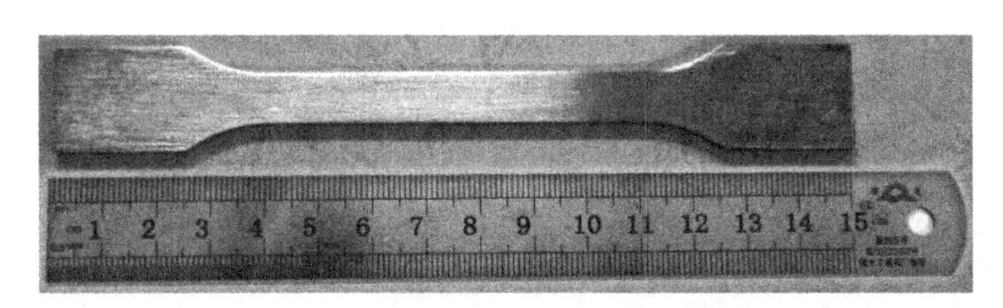

图 6-1 拉伸试样形状及尺寸（单位：mm）

6.2.4 疲劳实验

如 3.2.3 节所述，疲劳实验设备采用电磁谐振 PLG-200D 型高频拉压疲劳实验机，实验波形采用正弦波。加载频率 f 为 99.0~102Hz，应力比 r=0.1。每组实验需 8~10 个数据点。以下两种情况时疲劳实验会自动停止：（1）试样断裂；（2）实验所承受的循环次数达到 1.0×10^7 次，本书规定此时试样所承受的疲劳载荷为试样的疲劳极限。

疲劳实验过程中，试样标距部分始终全浸于装有腐蚀环境的腐蚀环境箱中，如图 2-2 所示。实验后，为去除腐蚀产物，试样需在煮沸的 20% CrO_3 和 1% $AgNO_3$ 的混合溶液中放置约 3min，然后用去离子水冲洗干净后吹干。

6.2.5 其他测试方法

疲劳实验前，环氧涂层处理后试样表面和结合界面形貌采用 SEM 观察分析，表面粗糙度采用便携式 TR240 粗糙度测试仪进行测试，这主要考虑到材料表面粗糙度对疲劳[23~25]和腐蚀[26~30]性能均有一定影响。

疲劳实验后，腐蚀疲劳试样表面形貌及疲劳断口特征（包括裂纹萌生和扩展区）。通过 SEM 及 EDS 观察分析。探讨环氧涂层与基体结合机制、与周围腐蚀介质作用机理、及对 AZ31 镁合金腐蚀疲劳防护性能及疲劳裂纹萌生机理的影响。

6.3　实验结果

6.3.1　涂层表面特征分析

图 6-2 所示为疲劳实验前环氧涂层处理后试样表面涂层特征。图 6-2（a）和（b）所示为环氧涂层表面形貌，可以看出在不同放大倍数下，涂层表面均比较光滑，没有裂纹等缺陷出现。图 6-2（c）所示为涂层与基体横截面形貌，涂层厚度较均匀，约 148μm。基体与涂层间结合界面凹凸不平，与前处理工艺一致，有助于增强环氧树脂与镁合金基体间的黏结强度。另，经表面粗糙度测试，AZ31 镁合金环氧涂层处理前后表面粗糙度值 R_a 分别为约 0.093μm 和 0.085μm（绝对误差≤10%）。这表明环氧涂层处理前后试样表面粗糙度值相近，因此，本章中的研究可以忽略表面粗糙度的影响。

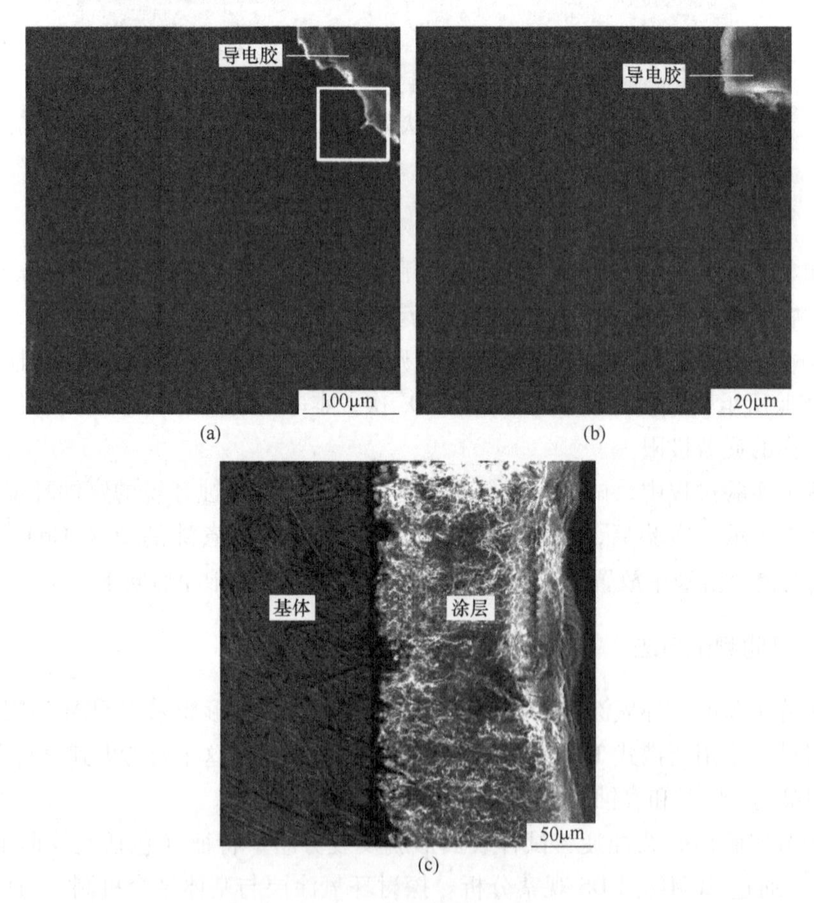

图 6-2　环氧涂层特征

（a）环氧涂层表面形貌；（b）图（a）矩形区放大图；（c）环氧涂层横截面形貌

6.3.2 拉伸性能测试分析

图6-3所示为AZ31镁合金基体、环氧树脂及环氧涂层处理后试样的拉伸性能测试应力-应变曲线。依据环氧树脂屈服强度（点C）和抗拉强度（点G）作直线AD、EH，将三种材料的拉伸曲线分成三部分。点A和B、E和F分别为两条直线与环氧树脂及环氧涂层处理后试样拉伸曲线的交点。测试结果见表6-1。

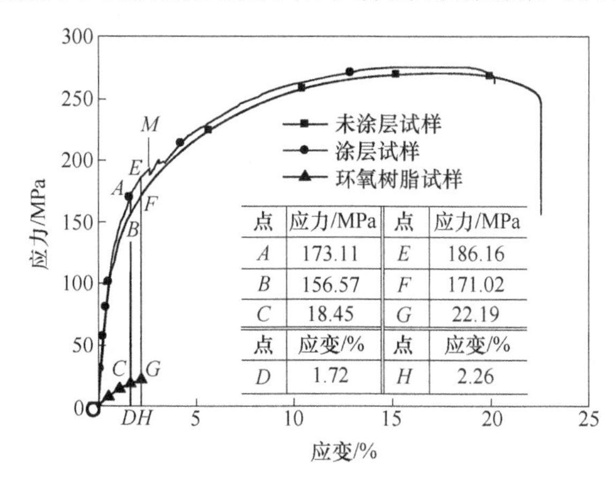

图6-3 AZ31镁合金基体、环氧树脂及环氧涂层处理后试样的拉伸性能测试

表6-1 不同材料的拉伸性能

不同材料	抗拉强度 σ_b/MPa	屈服强度 σ_s/MPa	延伸率 δ/%	弹性模量 E/GPa
AZ31镁合金	275.00	183.50	22.70	43
环氧涂层处理后试样	276.76	193.37	20.18	43
环氧树脂	22.19	18.45	2.26	3.6

可以看出，相比之下，环氧树脂的拉伸性能最低。环氧涂层处理后，试样拉伸性能比涂层前的稍有提高，如抗拉强度和屈服强度，但延伸率减小，这主要是由于试样表面环氧涂层的约束作用。

另一方面，环氧涂层与镁合金基体弹性模量不同，两者间应变匹配能力有限。AZ31镁合金的弹性模量要高于环氧树脂，在弹性阶段一定应力作用下，环氧树脂比AZ31镁合金基体可承受的应变较大。但是，相比环氧树脂稍高的应变承受能力，其抗拉强度与基体材料的差距过大。当涂层试样所承载应力或者所承载应变超过其中一种材料时，两者间应力应变性能发生匹配和相容问题，则试样很容易发生断裂失效。

观察拉伸实验整个过程，对涂层试样来说，总是外部涂层首先断裂。当外部涂层断裂时拉伸曲线会产生波动，如图6-3中点M。波动一段时间后回复平稳直至试样整体断裂。

6.3.3 实验数据拟合分析

环氧涂层处理后 AZ31 镁合金在不同环境下最大加载应力 σ_{max} 与疲劳循环次数 N 之间的相互关系 S-N 曲线如图 6-4 所示，相关参数见表 6-2。环氧涂层处理后试样在不同环境下的 S-N 曲线相近，腐蚀介质下的腐蚀疲劳性能与空气中的相近甚至略高。与 3.3.3 节 AZ31 镁合金在不同环境下的 S-N 曲线（见图 3-2）相比，环氧涂层处理后，在任意环境下，试样的疲劳性能均明显提高。在空气、齿轮油、3.5% NaCl（质量分数）溶液和 3.5% Na_2SO_4（质量分数）溶液环境下，AZ31 镁合金的疲劳极限分别为：163.89MPa、158.12MPa、67.35MPa 和 107.51MPa，而环氧涂层处理后分别为 175.95MPa、178.51MPa、171.97MPa 和 177.57MPa。以腐蚀介质下（尤其是 NaCl 溶液环境下）试样疲劳性能的改善尤为显著。表 6-2 中 a 和 b 为相应 S-N 曲线的截距和斜率。相关系数 R 和残余方差和 RSS 是判断曲线拟合程度的两个重要指标。相关系数 R 表明数据拟合的相关性，其越接近于 1，则表明相关性越高。残余方差和 RSS 表示随机误差效应，其越小，该组数据离散程度越低，曲线拟合程度越好，则实验数据越可靠。结合表 6-2 分析得知，本章疲劳实验数据拟合良好、可靠。

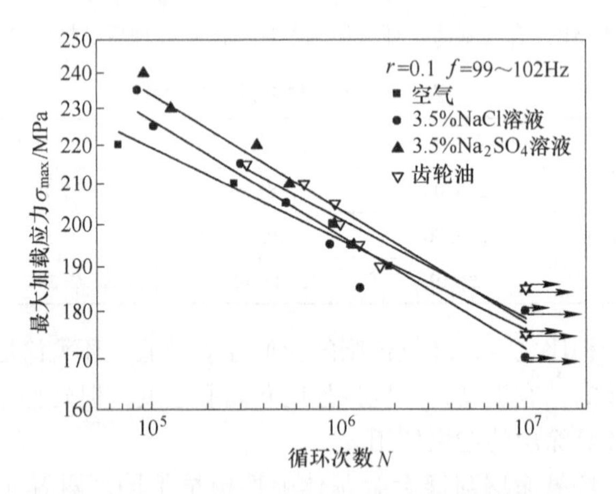

图 6-4　环氧涂层处理后 AZ31 镁合金在不同环境下的 S-N 曲线

表 6-2　环氧涂层处理后试样在不同环境下 S-N 曲线参数统计

不同环境	截距 a	斜率 b	相关系数 R	残余方差和 RSS
空气	2.58173	−0.04805	0.94379	4.45299×10^{-4}
NaCl 溶液	2.65699	−0.06020	0.92457	0.00110
Na_2SO_4 溶液	2.66952	−0.06002	0.94087	7.85899×10^{-4}
齿轮油	2.62007	0.05263	0.86764	7.03357×10^{-4}

6.3.4 疲劳试样表面腐蚀形貌

图6-5所示为环氧涂层处理后AZ31镁合金在不同环境下疲劳实验后的表面腐蚀形貌。图6-5（a）所示为在齿轮油中的试样表面形貌。可以看出，试样表面无裂纹等明显缺陷，覆盖了一层颗粒状物质，结合矩形区EDS分析结果（见图6-5（b）），可知试样表面的主要成分为C和O元素，是环氧树脂和齿轮油的主要成分。这层颗粒状物质的形成主要是由于为了提高环氧涂层处理后试样的导电性，SEM制样时需要进行喷金处理，再加上疲劳实验后试样表面残留的齿轮油具有一定黏性，使得喷金（或者其他一些污物）黏附于试样表面而造成的。这也是EDS分析结果中出现元素Au的原因。

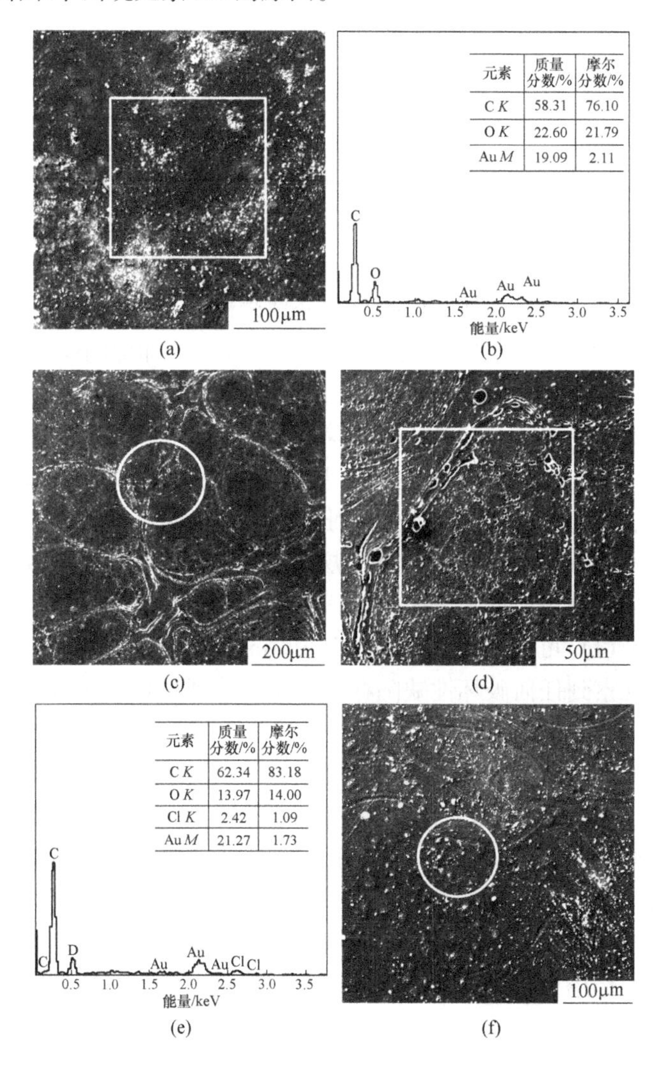

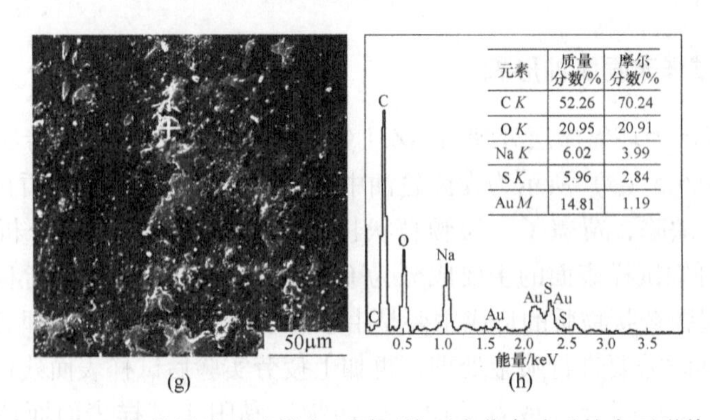

图 6-5　环氧涂层处理试样在不同环境下疲劳实验后的表面形貌

（a）齿轮油，195MPa；（b）图（a）矩形区 EDS 结果；（c）3.5% NaCl 溶液，195MPa；（d）图（c）圆形区放大图；（e）图（d）矩形区 EDS 结果；（f）3.5% Na_2SO_4 溶液，200MPa；（g）图（f）圆形区放大图；（h）图（g）十字区 EDS 结果

环氧涂层处理后试样在 NaCl 溶液中经疲劳实验后的表面形貌如图 6-5（c）所示，可以看出，试样表面呈现出大量圆圈状特征，像晶粒一样分布于试样表面，这与环氧树脂本身的物理结构有关，放大图中的圆形区域见图 6-5（d）。可以看出有大量弥散分布的针孔状腐蚀特征出现，圆圈边缘的针孔比圆圈内部的针孔要大些，但是与镁合金基体和微弧氧化处理试样在 NaCl 溶液（见第 3 章和第 4 章）中的点蚀坑相比，这些针孔虽然数量多，但是尺寸相当小。由于这些针孔数量多、尺寸小、分布均匀，这种腐蚀可称为均匀腐蚀，其危害性要远小于点蚀。对矩形区进行 EDS 分析见图 6-5（e），除了制样喷金的元素 Au 及环氧树脂主要成分 C 和 O 元素，Cl 元素的出现也进一步证实环氧树脂和周围 NaCl 腐蚀液发生了腐蚀反应，表面均匀的针孔为腐蚀特征。

图 6-5（f）和（g）所示为环氧涂层处理后试样在 3.5% Na_2SO_4（质量分数）溶液中经腐蚀疲劳实验后，试样表面不同放大倍数下的表面形貌图。从较低倍数下的图 6-5（f）可以看出，与齿轮油和 NaCl 溶液环境下相比，试样表面相对光滑，没有观察到任何破坏性缺陷存在。还可以观察到一些弯曲线痕迹，就像图 6-5（c）中的圆圈轨迹。放大至图 6-5（g），可以看出这些弯曲线上面覆盖有一定薄片状物质，对其十字区域进行 EDS 分析，结果见图 6-5（h）。其主要成分包括 C、O、S、Na、Au 元素，前两种是环氧树脂的主要组成元素，Na 和 S 元素是周围腐蚀介质 Na_2SO_4 溶液的主要成分，Au 元素是喷金过程带来的。这些薄片状物质是环氧涂层与 3.5% Na_2SO_4（质量分数）溶液的吸附或者腐蚀产物。这些产物静静吸附于试样表面，分布均匀，这种作用类型也可称之为均匀腐蚀或者吸附作用，这两种作用相对局部腐蚀的危害均较小。

6.3.5 疲劳断口分析

环氧涂层处理后 AZ31 镁合金在不同环境下的腐蚀疲劳断口形貌如图 6-6 所示。图6-6（a)所示为空气环境下涂层疲劳断口，具备了疲劳断口明显区域特征：裂纹萌生区、扩展区和瞬断区。此外，断口表面整体光滑，裂纹扩展区成扇形扩展特征，与 AZ31 镁合金应力腐蚀不同，没有韧窝等特征。在裂纹萌生区涂层处观察到一些圆形缺陷，放大椭圆区至图 6-6（b)。可以看出，试样边缘光滑。这些缺陷内表面非常光滑且平整，可以判断出这些圆形缺陷是气孔。它是由于在环氧涂层施加过程中，固化时间相对较快，内部存在的一些气泡来不及逸出而形成的。

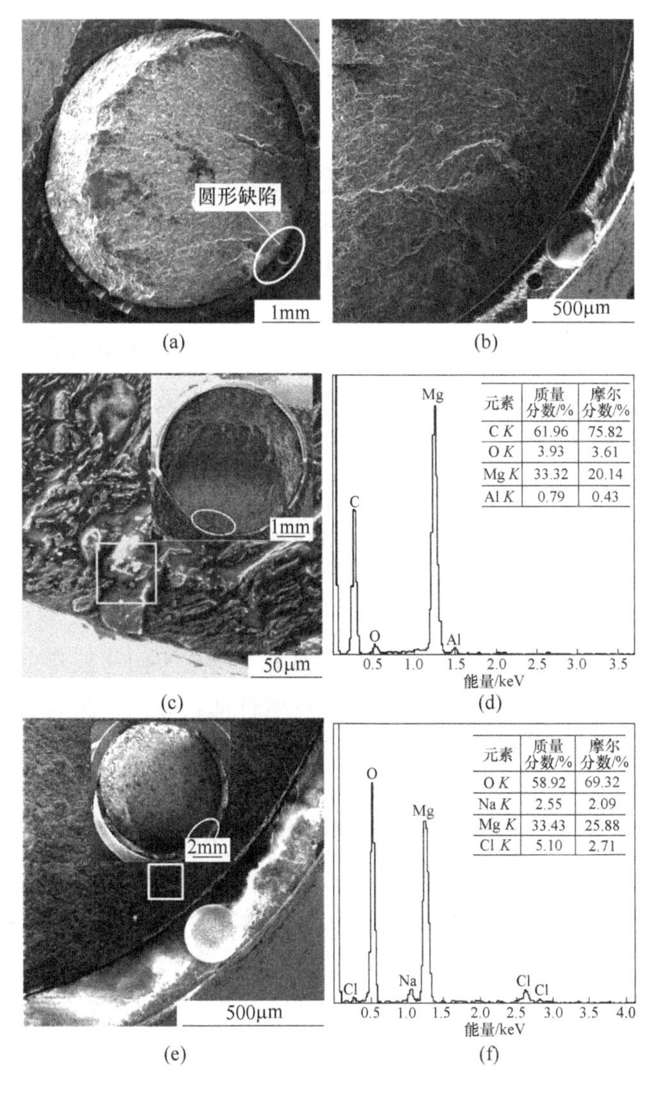

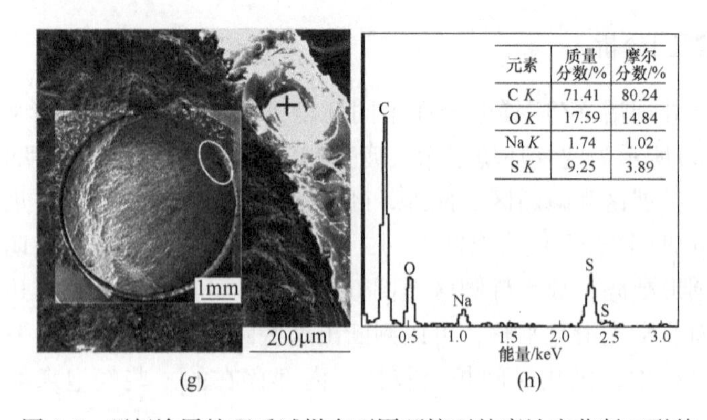

元素	质量分数/%	摩尔分数/%
C *K*	71.41	80.24
O *K*	17.59	14.84
Na *K*	1.74	1.02
S *K*	9.25	3.89

图 6-6　环氧涂层处理后试样在不同环境下的腐蚀疲劳断口形貌

（a）空气，190MPa；（b）图（a）裂纹萌生源放大图；（c）齿轮油，195MPa；
（d）图（c）矩形区 EDS 结果；（e）3.5% NaCl 溶液，195MPa；（f）图（e）矩形区 EDS 结果；
（g）3.5% Na_2SO_4 溶液，200MPa；（h）图（g）十字区 EDS 结果

涂层试样在齿轮油、3.5% NaCl（质量分数）溶液和 3.5% Na_2SO_4（质量分数）溶液中的腐蚀疲劳断口分别如图 6-6（c）、（e）和（g）所示，与空气中疲劳断口宏观形貌图 6-6（a）相比，同样具备了疲劳裂纹萌生（椭圆区）、扩展和瞬断三大区域，裂纹扩展区具有扇形特征。

从齿轮油环境下的图 6-6（c）中的裂纹萌生区放大图可以看出，裂纹萌生源外缘的环氧涂层部分消失不见了，这主要是由于随着疲劳裂纹的萌生，外部齿轮油除了不断朝径向方向渗透，还会沿着涂层与基体结合界面向深度方向浸入，齿轮油的润滑作用[31~34]使得涂层与基体间的结合力不断削弱。再加上外部疲劳交变载荷的振动作用，使得部分树脂涂层脱落。除此之外，还可以观察到断口表面有一些模糊状物质，EDS 分析（见图 6-6（d））结果表明，这些模糊状物质是齿轮油与 AZ31 镁合金间的吸附物。

图 6-6（e）所示为环氧涂层处理后试样在 3.5% NaCl（质量分数）溶液中的腐蚀疲劳断口。除了宏观整体断口的三大区域特征，还可以从裂纹萌生区放大图看出，裂纹萌生区外部涂层中还可以观察到圆形气孔缺陷，但其内部不再光滑，是由于实验过程中周围腐蚀环境不断进入，发生腐蚀反应造成的。此外，最重要的一个明显特征在于裂纹萌生源区域基体边缘较光滑，不再像 AZ31 镁合金基体（第 4 章）及微弧氧化试样（第 5 章）在 NaCl 溶液中出现明显点蚀坑等腐蚀缺陷。说明基体与周围 NaCl 溶液接触时间非常短，这就要求裂纹萌生时间与整个试样失效时间非常接近，无形中说明环氧涂层试样的疲劳裂纹萌生寿命占据整个疲劳寿命重要比例。EDS 分析结果图 6-6（f）中 Na 和 Cl 元素的存在表明 NaCl 溶液有少量进入断口表面。

环氧涂层处理后试样在3.5% Na_2SO_4（质量分数）溶液中腐蚀疲劳断口如图6-6（g）所示。从宏观图可以明显看出三区特征及圆形气孔缺陷。气孔中形成一个结晶体，应为由 Na_2SO_4 溶液与涂层试样发生腐蚀反应而形成的。在结晶体的十字区上进行EDS分析（见图6-6（h）），主要成分包括两大部分：一部分是来自环氧树脂的C和O元素，另一部分是来自周围腐蚀介质的Na、O和S元素。

环氧涂层处理后试样在不同环境下的腐蚀疲劳断裂特征如图6-7所示。图6-7（a）所示为空气环境下的疲劳断裂特征，可以看出图中有大量解理面和解理台阶，是解理断裂的重要特征。图6-7（b）所示为齿轮油中的疲劳断裂特征，由于齿轮油的渗入及黏性作用，断口表面有大量吸附物存在，还有解理断裂的一些层片状特征。相比之下，NaCl溶液环境下涂层试样的疲劳断口表面被腐蚀产物所覆盖（见图6-7（c）），疲劳断裂特征不是很明显。但是从图6-6（e）中的宏

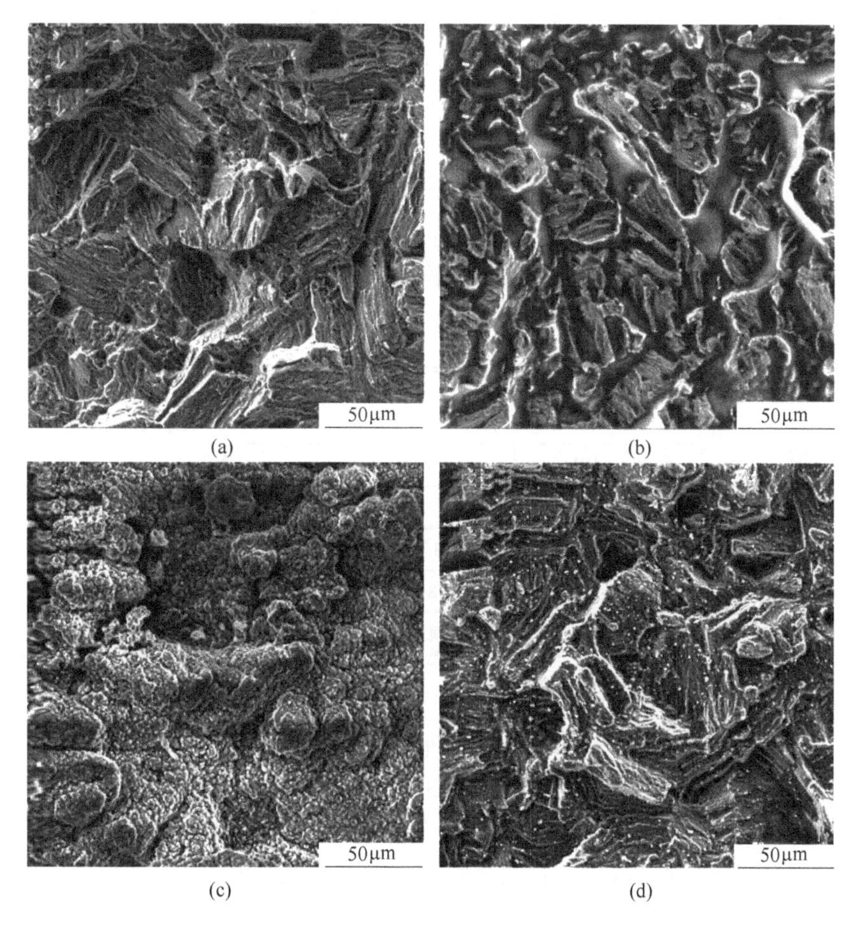

图6-7 环氧涂层处理后试样在不同环境下的腐蚀疲劳断裂特征

（a）空气，190MPa；（b）齿轮油，195MPa；（c）3.5% NaCl溶液，195MPa；（d）3.5% Na_2SO_4 溶液，200MPa

观图可以看出，疲劳裂纹扩展区呈扇形，且表面不存在韧窝等韧性断裂特征，综合分析试样在 NaCl 环境下的疲劳断口属于解理断口。从涂层试样在 3.5% Na_2SO_4（质量分数）溶液环境下的疲劳断裂形貌（见图 6-7（d））同样可以观察到明显的解理台阶、层片状结构。综合分析，可以得出，腐蚀介质不会改变环氧涂层试样疲劳断裂方式。

6.4 讨论

6.4.1 环氧树脂涂层对不同环境下 AZ31 镁合金疲劳极限的影响

综上，环氧涂层处理后 AZ31 镁合金在不同腐蚀介质下的疲劳性能明显改善，与空气中相近甚至稍高。这与第 3 章 AZ31 镁合金基体在腐蚀介质下疲劳性能明显恶化现象不同，也优于第 5 章采用微弧氧化方法的防护效果。为了定量评估环氧涂层和腐蚀环境对 AZ31 镁合金腐蚀疲劳防护性能的影响，与第 3 章实验结果进行对比分析。根据式（6-1）对疲劳实验数据进一步处理，计算结果见表 6-3。

$$RR/IR = \frac{\sigma_{FLC} - \sigma_{FLU}}{\sigma_{FLU}} \times 100\% \tag{6-1}$$

式中，RR，IR 分别为疲劳极限的增长率和下降率；σ_{FLU}，σ_{FLC}分别为环氧涂层前后 AZ31 镁合金的疲劳极限，MPa。

表 6-3　对比分析环氧涂层处理前后 AZ31 镁合金在不同环境下的腐蚀疲劳极限

不同环境	AZ31 镁合金		环氧涂层处理试样	
	σ_{FLU}/MPa	RR/%	σ_{FLC}/MPa	IR/%
空气	163.89	—	175.95	7.36
齿轮油	158.12	3.52	178.51	8.92
NaCl 溶液	67.35	58.91	171.97	4.93
Na_2SO_4 溶液	107.51	34.40	177.57	8.35

同一环境下，环氧涂层处理后 AZ31 镁合金的疲劳性能均获得不同程度改善。结合公式（6-1），空气中，环氧涂层处理后试样的疲劳性能提高了 7.36%。在齿轮油、3.5% NaCl（质量分数）溶液和 3.5% Na_2SO_4（质量分数）溶液环境下，试样的腐蚀疲劳性能增长率更加显著，分别达到 12.90%、155.34% 和 65.17%。而且，环氧涂层处理后试样在腐蚀介质下的疲劳极限甚至比 AZ31 镁合金基体在空气中的疲劳极限还要高，见表 6-3。这表明环氧涂层处理方法要优于其他方法[1~7]。总之，不管是在腐蚀环境还是相对惰性环境（空气）下，环氧涂层的施加均可以明显改善镁合金的腐蚀疲劳性能。

首先，涂层与基体的结合力是选用一种涂层需要考虑的首要因素。本章主要采用室温拉伸实验，对环氧涂层处理后的 AZ31 镁合金进行动态结合性能测试。图 6-3 和表 6-1 表明，环氧涂层处理后，AZ31 镁合金的抗拉强度（276.76MPa）要高于基体材料。这说明环氧涂层与镁合金的动态结合强度较高，已达到足以提高其抗拉强度的程度。另外，环氧涂层试样在不同环境下均存在一定的腐蚀疲劳极限，即在足够大小的疲劳加载应力下，试样循环寿命可达到 1.0×10^7 次不发生断裂失效。观察未断裂涂层试样发现，试样表面平整光滑，未发现裂纹及鼓包等脱离基体现象。这表明在拉伸和疲劳交变载荷作用下，环氧涂层也可以与基体之间达到相当强度的结合。这是环氧涂层的一大优点。结合强度高，可以使环氧树脂与基体间有较高的摩擦力。再者，由 6.3.1 节环氧涂层与基体结合界面分析可知，涂层厚度约 148μm，无形之中可以增加疲劳试样的实际承载面积，有助于改善材料的疲劳性能。

第二，粗糙度是另一个影响材料腐蚀[26~30]和疲劳[23~25]性能的重要因素。环氧树脂具有表面光滑、柔韧性和附着力强、耐蚀等一系列优点，可作为涂料、黏结剂等被广泛应用于工业、电子等日常生活各个领域。经 6.3.1 节测试分析，AZ31 镁合金环氧涂层处理前后试样表面粗糙度相近，因此，对本章的研究，粗糙度的影响可以忽略，这一点也是环氧涂层优于其他方法的一个优势，尤其是相对于阳极氧化[3,4]。

第三，除了优异的结合强度和光滑表面，环氧涂层对 AZ31 镁合金腐蚀疲劳性能改善的第三大重要原因是其优良的耐蚀性能。文献［21，35］研究表明环氧树脂在 3.5%~5% NaCl（质量分数）溶液中的自腐蚀电位远远高于镁合金，自腐蚀电流远低于镁合金，具有优良的耐蚀性能。根据 6.3.4 节环氧涂层试样在不同环境下的表面腐蚀形貌分析，环氧涂层处理后，不管在任何环境下疲劳实验后，试样表面均相对平整光滑。在齿轮油和 Na_2SO_4 溶液环境下（见图 6-5），相对未施加涂层前（见图 3-4 和图 3-6）的大量腐蚀产物和针孔状均匀腐蚀特征，涂层试样表面仅有一些齿轮油和 Na_2SO_4 溶液吸附物，大大减小了周围环境的腐蚀作用。尤其是 NaCl 溶液环境下，未施加涂层前，试样表面覆盖一层厚厚的腐蚀产物和大量尺寸较大的点蚀坑（见图 3-5），而环氧涂层处理后，试样表面由大尺寸点蚀坑变成小尺寸均匀分布的小针孔，大大削弱 NaCl 溶液的侵蚀性。而且在疲劳断口基体边缘（见图 6-6（e））也未出现点蚀坑等缺陷。

综上，环氧涂层具有光滑试样表面、足够高的结合强度及优良的耐蚀性能，不但可以加强基体，还可以抑制腐蚀环境（油、SO_4^{2-} 和 Cl^-）的渗入，很好的隔绝基体不受腐蚀环境的干扰，从而提高材料的腐蚀疲劳性能。

6.4.2 不同环境对环氧涂层处理后 AZ31 镁合金疲劳性能的影响

为考虑不同环境的影响，对比分析不同环境下环氧涂层试样疲劳性能，需根据式（6-2）进一步分析：

$$RR/IR = \frac{\sigma_{\text{FLCorr}} - \sigma_{\text{FLA}}}{\sigma_{\text{FLA}}} \times 100\% \tag{6-2}$$

式中，RR，IR 分别为疲劳极限的增长率和下降率；σ_{FLA}，σ_{FLCorr}分别为环氧涂层试样在空气和腐蚀介质下的疲劳极限，MPa。

环氧涂层处理后，试样在空气中的疲劳极限为 175.95MPa。根据式（6-2）和表 6-3，试样在齿轮油、3.5% NaCl（质量分数）溶液和 3.5% Na_2SO_4（质量分数）溶液环境下，疲劳极限增长率分别为 2.56%、-3.98%和 1.62%。其中齿轮油和 Na_2SO_4 溶液环境下，环氧涂层试样疲劳性能稍有一些提高，而在 NaCl 溶液环境下，疲劳性能有所降低。这主要是由于环氧涂层与不同环境间的作用机理不同。

根据 6.3.4 节分析及图 6-5，齿轮油中，环氧涂层试样疲劳实验后表面除了由于齿轮油黏性和喷金（其他污物）等形成的颗粒状物质，并未发现其他鼓包、起裂等缺陷存在。同样，在 Na_2SO_4 溶液环境下，疲劳实验后环氧涂层试样表面只是覆盖了一薄层吸附物。相对于空气，侵蚀性较弱的齿轮油的黏性吸附物和 Na_2SO_4 溶液环境下的薄层吸附物一定程度上可以起到保护镁合金基体的作用，这正是这两种环境下，环氧涂层试样腐蚀疲劳极限稍有改善的原因。

但是在 NaCl 溶液中，环氧涂层疲劳试样表面不再出现简单的吸附物，而是出现了像晶粒分布一样的圆圈特征，这种分布形式与环氧涂层自身的物理结构有关。放大圆圈区，观察到这些圈是由一圈圈的数量众多的小针孔组成。这些小针孔分布均匀，尺寸较小。根据 EDS 分析结果（见图 6-5（e）），这些针孔还未穿透涂层，未有基体元素 Mg、Al、Zn 等元素出现。观察相应疲劳断口，基体边缘也未发现 Cl^-常见点蚀特征。这两者相互印证，表明环氧涂层对 NaCl 溶液还是有一定抗腐蚀能力的。但是相对齿轮油和 Na_2SO_4 溶液环境下的吸附作用，小针孔状腐蚀缺陷的危害要大得多，因此环氧涂层处理后试样在 NaCl 溶液环境下的腐蚀疲劳性能稍有降低。

6.4.3 环氧涂层处理后不同环境下疲劳裂纹萌生机制及扩展特征

当前，AZ31 镁合金在空气环境下的疲劳性能研究表明在交变载荷及几何形状作用下试样表面和近表面附近最容易产生应力集中，是疲劳裂纹萌生的首选位置[36~38]，与第 3 章研究结果一致。且 AZ31 镁合金在齿轮油和 Na_2SO_4 溶液环境下由于腐蚀作用较弱，腐蚀产物较薄，疲劳裂纹也基本萌生于试样近表面。而 NaCl 溶液中的疲劳裂纹则主要源自点蚀坑。

但是对于环氧涂层试样，疲劳裂纹萌生于涂层还是基体需要进一步详细分析，也是探讨环氧涂层试样疲劳性能改善机理的重要环节。前面讨论了环氧涂层试样表面光滑，而且与基体的静动态结合强度均较高，本节主要从环氧涂层与镁合金基体物理属性着手考虑。环氧涂层是一种高分子聚合物，弹性模量为3.6GPa。而作为金属材料AZ31镁合金的弹性模量高得多，约43GPa。两者弹性模量相差较大，在疲劳实验过程中，试样承受一定交变循环载荷，相应会产生一定应变（变形），在这一变形过程中就存在异种材料间应变匹配问题，要求AZ31镁合金基体和环氧涂层具有相容的协调的应变匹配能力。综上，环氧涂层试样断裂主要发生在两种情况下：一是当两种材料所承受的作用载荷超过其中之一的抗拉强度；二是当两种材料所能相容的最大变形量超过其中之一的最大应变。

根据AZ31镁合金、环氧树脂及环氧涂层试样的应力-应变曲线（见图6-3），环氧树脂的抗拉强度和最大伸长量均最低。*OD*段，三种材料均处于弹性变形阶段，具有足够的应变承受能力，试样未断。*DH*段，环氧树脂处于非弹性变形阶段，而另两种材料还处于弹性变形阶段。随着时间的增加，试样产生的应变量不断增加，这一应变量总是先达到环氧树脂所能承受的最大应变，则环氧树脂总是首先起裂。

同理，环氧涂层试样在空气中的疲劳极限为175.95MPa，低于涂层试样和AZ31镁合金材料的屈服极限。这说明至少基体材料此时是处于弹性变形阶段的，基体材料有足够的变形能力与环氧涂层匹配，直至环氧涂层进入非弹性变形阶段。那时不同阶段的环氧涂层与基体间的应变匹配能力开始下降，当整个应变量超过环氧涂层所能承受的最大应变时，则疲劳裂纹在环氧涂层处萌生。而涂层中存在的一些气孔（见6.3.5节）缺陷则无疑成为疲劳裂纹最佳萌生源。

不同于空气中，环氧涂层试样在齿轮油中疲劳断口裂纹萌生区外部的环氧涂层消失不见了，但是这也不能说明涂层萌生处没有气孔存在。涂层消失主要是由于随着疲劳裂纹在涂层处萌生，则外部齿轮油不断向基体内部渗入，当经过涂层和基体结合界面时，部分齿轮油会沿着界面向界面内部渗透，加上齿轮油的润滑作用，使基体和涂层间的结合力减弱，甚至分离。疲劳交变载荷在循环振动作用下，使处于飘摇状态的部分环氧涂层更容易剥落，脱离试样表面。

由图6-5可以看出环氧涂层试样受Na_2SO_4溶液的影响非常小，除非其渗入基体内部。在Na_2SO_4溶液中，环氧涂层试样刚开始的裂纹萌生过程与上述空气中类似，一旦裂纹在环氧涂层处萌生，涂层内部气孔则成为Na_2SO_4溶液进入基体的重要“窗口”，并不断向基体渗入，直至整个试样断裂失效。

而NaCl溶液对环氧涂层试样危害性要大得多，其会在环氧涂层表面形成大量小针孔。因此，相比于Na_2SO_4环境下以环氧涂层中气孔作为渗入的主要路径，NaCl溶液除了可以从气孔渗入，还可以从这些大量存在的小针孔渗入。这些小针孔进一步削弱了环氧涂层基本性能，加速疲劳裂纹的萌生和扩展，危害性要稍大。

综上，环氧涂层处理后试样的疲劳裂纹首先萌生于涂层处，由于试样几何形状的限制，试样最细部分是环氧涂层中气泡等缺陷存在的最佳位置，包含在环氧涂层中的缺陷（气孔）成为腐蚀疲劳裂纹萌生的最佳位置。这一结论与铝合金和钢材的相关结论（表面改性涂层中的缺陷是疲劳裂纹最佳萌生源）一致[39~44]。尽管环氧涂层处理后试样的腐蚀疲劳性能得以明显改善，甚至腐蚀介质下的疲劳极限都要高于AZ31镁合金基体在空气中的，这一结果着实令人可喜。但是，气孔等环氧涂层缺陷的存在减弱了环氧涂层的整体力学性能（降低其可承受最大应变、抗拉强度和疲劳强度），抑制了环氧涂层试样腐蚀疲劳性能的大幅提高。因此，环氧涂层工艺还有进一步的改进空间，涂层制备过程中要最大限度地搅拌均匀，环氧树脂与固化剂和稀释剂的比例需要进一步完善，使气泡和固化时间完美配合，有足够时间逸出，避免工艺性缺陷带来的性能损失。

6.5 小结

（1）环氧涂层处理后AZ31镁合金的腐蚀疲劳性能明显提高，甚至高于基体材料在空气中的疲劳性能。这主要是由于环氧涂层不仅具有表面光滑（减小甚至消除粗糙度的影响）、足够高的静动态结合强度（加强基体），而且还具有优良的耐蚀性能，可以防止周围腐蚀介质的侵入，很好地隔绝基体、保护基体不受周围腐蚀环境的干扰。

（2）AZ31镁合金和环氧树脂物理性能，尤其是弹性模量相差较大。腐蚀疲劳实验过程中涂层与基体间应变相互匹配协调能力是决定疲劳裂纹萌生源的关键。环氧涂层总是比AZ31镁合金基体先达到非弹性变形阶段，随着疲劳实验的进行，环氧涂层试样产生的应变总是先达到涂层所能承受的最大应变。疲劳裂纹总是优先萌生于环氧涂层处。

（3）环氧涂层涂覆过程中，内部存在一些气泡来不及逸出会在涂层内部形成气孔缺陷。这些气孔一方面削弱了环氧涂层整体力学性能（包括抗拉强度和最大应变），另一方面也是周围腐蚀环境进入基体的重要“窗口”，是涂层疲劳裂纹萌生最佳位置。

（4）环氧涂层与不同环境的作用机理不同。环氧涂层与齿轮油和3.5%（质量分数）Na_2SO_4溶液间发生吸附作用，这些均匀分布于试样表面的吸附物不但不会破坏其表面形貌，而且一定程度上还能起到保护基体的作用。环氧涂层与3.5% NaCl（质量分数）溶液环境间会发生一定腐蚀反应，表面数量众多均匀分布的小针孔是其重要腐蚀特征。

参 考 文 献

[1] Shahnewaz Bhuiyan M D, Yuichi O, Yoshiharu M, et al. Corrosion fatigue behavior of conversion coated AZ61 magnesium alloy [J]. Materials Science and Engineering A, 2010, 527: 4978~4984.

[2] Bhuiyan M S, Mutoh Y. Corrosion fatigue behavior of conversion coated and painted AZ61 magnesium alloy [J]. International Journal of Fatigue, 2011, 33 (2): 1548~1556.

[3] Sabrina A K, Yukio M, Yoshiharu M, et al. Effect of anodized layer thickness on fatigue behavior of magnesium alloy [J]. Materials Science and Engineering A, 2008, 474: 261~269.

[4] Sabrina A K, Yukio M, Yoshiharu M, et al. Fatigue behavior of anodized AM60 magnesium alloy under humid environment [J]. Materials Science and Engineering A, 2008, 498: 377~383.

[5] Ishihara S, Namito T, Notoya H, et al. The corrosion fatigue resistance of an electrolytically-plated magnesium alloy [J]. International Journal of Fatigue, 2010, 32: 1299~1305.

[6] Ishihara S, Notoya H, Okada A, et al. Effect of electroless-Ni-plating on corrosion fatigue behavior of magnesium alloy [J]. Surface and Coatings Technology, 2008, 202: 2085~2092.

[7] Yoshihiko U, Toshifumi K, Takema T, et al. Improvement of corrosion fatigue strength of magnesium alloy by multilayer diamond-like carbon coatings [J]. Surface and Coatings Technology, 2011, 205: 2778~2784.

[8] Sabrina A K, Shahnewaz Bhuiyan M D, Yukio M, et al. Corrosion fatigue behavior of die-cast and shot-blasted AM60 magnesium alloy [J]. Materials Science and Engineering A, 2011, 528: 1961~1966.

[9] Petra M, Okechukwu A, Frank M, et al. Cyclic deformation of newly developed magnesium cast alloys in corrosive environment [J]. Materials Science Forum, 2011, 690: 495~498.

[10] Dusek K. Advances in polymer science [M] //Epoxy and Composite II. New York: Springer, 1986.

[11] Belton D J, Sullivan E A, Molter M J. Moisture transport phenomena in epoxies for microelectronics applications [C]. Polymeric Materials for Electronics Packaging and Interconnection, ACS Symposium Series 407, Am. Chem. Soc., Washington, DC, 1989: 286.

[12] Bajat J B, Mišković-Stanković V B. The influence of steel surface modification by electrodeposited Zn-Fe alloys on the protective behavior of an epoxy coating [J]. Progress in Organic Coatings, 2003, 47: 49~54.

[13] Zhang S Y, Ding Y F, Li S J, et al. Effect of polymeric structure on the corrosion protection of epoxy coatings [J]. Corrosion Science, 2002, 44: 861~869.

[14] Bajat J B, Mišković-Stanković V B. Protective properties of epoxy coatings electrodeposited on steel electrochemically modified by Zn-Ni alloys [J]. Progress in Organic Coatings, 2004, 49: 183~196.

[15] Hu J M, Zhang J T, Zhang J Q, et al. Corrosion electrochemical characteristics of red iron oxide pigmented epoxy coatings on aluminum alloys [J]. Corrosion Science, 2005, 47: 2607~

2618.

[16] He X L, Wei Y H, Hou L F, et al. Investigation on corrosion fatigue property of epoxy coated AZ31 magnesium alloy in sodium sulfate solution [J]. Theoretical and Applied Fracture Mechanics, 2014, 70: 39~48.

[17] He X L, Wei Y H, Hou L F, et al. Corrosion fatigue behavior of epoxy-coated Mg-3Al-1Zn alloy in gear oil [J]. Transactions Nonferrous Metals Society of China, 2014, 24: 3429~3440.

[18] He X L, Wei Y H, Hou L F, et al. Corrosion fatigue behavior of epoxy coated Mg-3Al-1Zn alloy in NaCl solution [J]. Rare Metals, 2014, 33 (3): 276~286.

[19] Brusciotti F, Snihirova D V, Xue H B, et al. Hybrid epoxy-silane coatings for improved corrosion protection of Mg alloy [J]. Corrosion Science, 2013, 67: 82~90.

[20] Liu Z, Yan D R, Dong Y C, et al. Effect of modified epoxy sealing on the electrochemical corrosion behavior of reactive plasma-sprayed TiN coatings [J]. Corrosion Science, 2013, 75: 220~227.

[21] Behzadnasab M, Mirabedini S M, Esfandeh M. Corrosion protection of steel by epoxy nanocomposite coatings containing various combinations of clay and nanoparticulate zirconia [J]. Corrosion Science, 2013, 75: 134~141.

[22] Gupta G, Birbilis N, Cook A B, et al. Polyaniline-lignosulfonate/epoxy coating for corrosion protection of AA2024-T3 [J]. Corrosion Science, 2013, 67: 256~267.

[23] Kwon J W, Lee D G. The effects of surface roughness and bond thickness on the fatigue life of adhesively bonded tubular single lap joints [J]. Journal of Adhesion Science and Technology, 2000, 14 (8): 1085~1102.

[24] Proudhon H, Fouvry S, Buffière J Y. A fretting crack initiation prediction taking into account the surface roughness and the crack nucleation process volume [J]. International Journal of Fatigue, 2005, 27: 569~579.

[25] Suraratchai M, Limido J, Mabru C, et al. Modelling the influence of machined surface roughness on the fatigue life of aluminium alloy [J]. International Journal of Fatigue, 2008, 30: 2119~2126.

[26] Kentish P. Stress corrosion cracking of gas pipelines-effect of surface roughness, orientations and flattening [J]. Corrosion Science, 2007, 49: 2521~2533.

[27] Alvarez R B, Martin H J, Horstemeyer M F, et al. Corrosion relationships as a function of time and surface roughness on a structural AE44 magnesium alloy [J]. Corrosion Science, 2010, 52: 1635~1648.

[28] Gravier J, Vignal V, Bissey-Breton S. Influence of residual stress, surface roughness and crystallographic texture induced by machining on the corrosion behavior of copper in salt-fog atmosphere [J]. Corrosion Science, 2012, 61: 162~170.

[29] Lee S M, Lee W G, Kim Y H, et al. Surface roughness and the corrosion resistance of 21Cr ferritic stainless steel [J]. Corrosion Science, 2012, 63: 404~409.

[30] Khun N W, Frankel G S. Effects of surface roughness, texture and polymer degradation on

cathodic delamination of epoxy coated steel samples [J]. Corrosion Science, 2013, 67: 152~160.

[31] Kelly J F, Cotterell M G. Minimal lubrication machining of aluminium alloys [J]. Journal of Materials Processing Technology, 2002, 120: 327~334.

[32] Nefedov Y U. Corrosion resistance of oil piping [J]. Zashch Metal, 1988, 24: 634~636.

[33] Guo J, Wang L P, Liang J, et al. Tribological behavior of plasma electrolytic oxidation coating on magnesium alloy with oil lubrication at elevated temperatures [J]. Journal of Alloys and Compounds, 2009, 481: 903~909.

[34] Studt P. Boundary lubrication: Adsorption of oil additives on steel and ceramic surfaces and its influence on friction and wear [J]. Tribology International, 1989, 22: 111~119.

[35] Nematollahi M, Heidarian M, Peikari M, et al. Comparison between the effect of nanoglass flake and montmorillonite organoclay on corrosion performance of epoxy coating [J]. Corrosion Science, 2010, 52: 1809~1817.

[36] Huppmann M, Lentz M, Brömmelhoff K, et al. Fatigue properties of the hot extruded magnesium alloy AZ31 [J]. Materials Science and Engineering A, 2010, 527: 5514~5521.

[37] Ochi Y, Masaki K, Hirasawa T, et al. High cycle fatigue property and micro crack propagation behavior in extruded AZ31 magnesium alloys [J]. Materials Transactions, 2006, 47: 989~994.

[38] Nascimento L, Yi S, Bohlen J, et al. High cycle fatigue behavior of magnesium alloys [J]. Procedia Engineering, 2010, 2: 743~750.

[39] Puchi-Cabrera E S, Staia M H, Quinto D T, et al. Fatigue properties of a SAE steel coated with TiCN by PAPVD [J]. International Journal of Fatigue, 2007, 29: 471~480.

[40] Berríos-Ortíz J A, Barbera-Sosa La J G, Teer D G, et al. Fatigue properties of a 316L stainless steel coated with different ZrN deposits [J]. Surface and Coatings Technology, 2004, 179: 145~157.

[41] Puchi-Cabrera E S, Villalobos-Gutiérrez C J, Irausquin I, et al. Fatigue behavior of a 7075-T6 aluminum alloy coated with an electroless Ni-P deposit [J]. International Journal of Fatigue, 2006, 28: 1854~1866.

[42] Puchi-Cabrera E S, Matínez F, Herrera I, et al. On the fatigue behavior of an AISI stainless steel coated with a PVD TiN deposit [J]. Surface and Coatings Technology, 2004, 182: 276~286.

[43] Villalobos-Gutiérrez C J, Gedler-Chacón G E, Barbera-Sosa La J G, et al. Fatigue and corrosion fatigue behavior of a WC-10Co-4Cr alloy developed by HVOF thermal spraying [J]. Surface and Coatings Technology, 2008 202: 4572~4577.

[44] Baragetti S, Lusvarghi L, Bolelli G, et al. Fatigue behavior of 2011-T6 aluminum alloy coated with PVDWC/C, PA-CVD DLC and PE-CVD SiO_x coatings [J]. Surface and Coatings Technology, 2009, 203: 3078~3087.

